Die Interferenzen von Röntgen- und Elektronenstrahlen

Fünf Vorträge

von

M. v. Laue
Professor an der Universität Berlin

Mit 15 Abbildungen

Berlin
Verlag von Julius Springer
1935

ISBN-13: 978-3-642-90024-2   e-ISBN-13: 978-3-642-91881-0
DOI: 10.1007/978-3-642-91881-0

Alle Rechte, insbesondere
das der Übersetzung in fremde Sprachen, vorbehalten.
Copyright 1935 by Julius Springer in Berlin.

Vorwort.

Diese Vorträge hielt ich im Oktober 1935 auf Einladung des Institute for Advanced Study und der Universität in Princeton N. J. Da sie besonders die neuesten Ergebnisse auf dem Gebiete der Röntgen- und Elektronen-Strahl-Interferenzen behandeln, haben sie vielleicht für einen größeren Leserkreis Interesse; und so gebe ich sie zum Druck.

Bei den Korrekturen unterstützten mich Fräulein Dr. CLARA V. SIMSON und Herr Dr. MAX KOHLER; ich möchte beiden meinen Dank auch hier aussprechen.

Princeton, November 1935.

M. V. LAUE.

I.

Ich möchte Ihnen eine Übersicht über die neuere Entwicklung geben, welche die Theorie der Röntgenstrahlinterferenzen genommen hat. Die elementare Theorie, welche auf die Wechselwirkung der Atome in der Streuung keine Rücksicht nimmt, kann wohl als abgeschlossen gelten. Aber die dynamische Theorie ist in den letzten Jahren über die Grundlagen, die ihr DARWIN und vor allem EWALD (1) gegeben haben, erheblich hinausgewachsen. Zudem hat in diesem Jahre KOSSEL die Umkehrung der altbekannten Interferenzerscheinung der Röntgenstrahlen gefunden, die dann eintritt, wenn wir die Atome des Kristalls selbst zu Strahlungsquellen machen. Das hat auch eine Weiterentwicklung der Theorie notwendig gemacht, die sich an das frühere mittels des Reziprozitätssatzes der Optik anschließt. Diese Arbeiten haben meines Erachtens auch endlich ein gewisses Verständnis eröffnet für eine Erscheinung, die den Experimentatoren bei der Elektronenbeugung längst aufgefallen war. Ich meine die von KIKUCHI entdeckten und von ihm und seinen Mitarbeitern, aber auch anderen Physikern oft beschriebenen Kegel verstärkter oder abgeschwächter Elektronenstreuung. Auch darüber möchte ich zum Schluß sprechen. Damit wäre mein Programm für diesen und die vier folgenden Vorträge gegeben. Wenn ich bei seiner Durchführung manches Bekannte wiederholen muß, so hat doch vielleicht eine Übersicht über die ganze Theorie, wie sie sich heute darstellt, einen gewissen Wert.

Trotzdem ich die elementare Theorie als abgeschlossen bezeichnet habe, möchte ich ein wenig auf sie eingehen. Sie ist nun einmal der Ausgangspunkt für die dynamische Theorie, welche ihre Vorgängerin als erste Näherung immer wieder benutzt.

Eines der wesentlichsten mathematischen Hilfsmittel aller einschlägigen Untersuchungen bildet das reziproke Gitter (2), welches einem beliebigen, durch die primitiven Translationen $\mathfrak{a}_1$, $\mathfrak{a}_2$, $\mathfrak{a}_3$ gekennzeichneten Raumgitter so zugeordnet ist, daß seine Translation $\mathfrak{b}_1$ senkrecht auf $\mathfrak{a}_2$ und $\mathfrak{a}_3$ steht und mit $\mathfrak{a}_1$ als skalares Produkt 1 ergibt. Die elementare Theorie ergibt dann für die Lage eines Interferenzstrahles das folgende Gesetz:

Liegt der Einheitsvektor $\mathfrak{s}_0$ in der Richtung des einfallenden, der Einheitsvektor $\mathfrak{s}_m$ in der Richtung des abgebeugten Strahles und bedeutet λ die Wellenlänge im leeren Raum, so muß mit 3 ganzen Zahlen m_1, m_2, m_3 gelten:

$$\frac{\mathfrak{s}_m - \mathfrak{s}_0}{\lambda} = m_1 \mathfrak{b}_1 + m_2 \mathfrak{b}_2 + m_3 \mathfrak{b}_3 = \mathfrak{b}_m.$$

Was rechts steht, ist wieder eine Translation im reziproken Gitter; zur Abkürzung ersetzen wir immer die drei Indizes m_1, m_2, m_3 durch den einen Buchstaben m. Diese Gleichung ordnet jedem Interferenzmaximum eindeutig einen Punkt des reziproken Gitters zu. Ihren Inhalt gibt die Figur 1 geometrisch wieder. Sie zeigt im Raume des reziproken Gitters eine Kugel, deren Mittelpunkt L vom Nullpunkt o durch den Vektor $\overrightarrow{oL} = -\frac{\mathfrak{s}_0}{\lambda}$ zu erreichen ist, und welche durch den Punkt o geht. Sofern sie dann noch durch einen Gitterpunkt m führt, gibt die gerade Verbindung $\overrightarrow{Lm}$ vom Mittelpunkt zu ihm die Richtung $\mathfrak{s}_m$ des Interferenzstrahles wieder. Man wird bei dieser

Betrachtung die Empfindung nicht los, daß die mathematische Starrheit dieser von EWALD angegebenen Konstruktion etwas Unphysikalisches ist; in der Tat lockert, wie wir sehen werden, die dynamische Theorie die Strenge dieser Forderung.

Die obige Gleichung enthält mit einer für die meisten Zwecke ausreichenden Genauigkeit alles, was sich über die

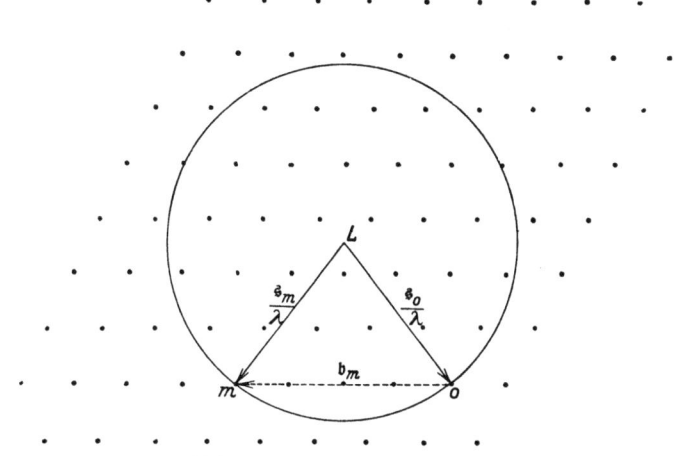

Abb. 1. EWALDsche Konstruktion.

Lage von Interferenzstrahlen sagen läßt; nur für Präzisionsmessungen von Wellenlängen ist jene Korrektur notwendig, welche die dynamische Theorie liefert. Weniger einfach lauten die Aussagen der elementaren Theorie über die *Intensitäten*. Es gibt eine ganze Reihe von Faktoren, die bei deren Berechnung zu berücksichtigen sind; z. B. einen Temperaturfaktor, welcher die Schwächung der Interferenzen mit wachsender thermischer Bewegung der Atome beschreibt. Am wichtigsten und für alle Strukturbestimmungen entscheidend ist aber der Strukturfaktor, der nur in den seltenen Ausnahmefällen fortfällt, in welchen ein chemisches *Element* ein einfaches Gitter bildet. Sowie mehr als ein Atom der Elementarzelle angehört, wird er wesentlich. Man erhält ihn in Abhängigkeit von den Indizes m_1, m_2, m_3 des Interferenzmaximums, indem man ein Atom durch den Radiusvektor $\mathfrak{r}$ von einer Zellenecke zum Atommittelpunkte festlegt und aus seinem Streuvermögen ψ und dem Exponentialausdruck $e^{-2\pi i(\mathfrak{b}_m \mathfrak{r})}$ das Produkt bildet und über alle Atome der Zelle summiert:

$$\sum_\alpha \psi_\alpha\, e^{2\pi i(\mathfrak{b}_m \mathfrak{r}_\alpha)}.$$

Ich möchte Ihr Augenmerk auf das Streuvermögen ψ lenken.

Bald nach Entdeckung der Interferenzen bemerkte der französische Kristallograph FRIEDEL (3), daß bei allen Kristallen, deren Klasse kein Symmetriezentrum enthält, bei diesen Interferenzen scheinbar ein solches hinzukommt; oder anders ausgedrückt, die Interferenzmaxima m_1, m_2, m_3 und $\overline{m}_1$, $\overline{m}_2$, $\overline{m}_3$ haben gleiche Intensität. Die Erklärung, die ich 1916 dafür gab (4), lautet: Notwendige und hinreichende Bedingung für Gültigkeit dieser FRIEDELschen Regel ist, daß die ψ-Werte für alle Atome des Gitters reell sind. Und dies wieder ist nach den Vorstellungen der Resonanztheorie zu erwarten, wenn die Schwingungszahl der Röntgenwelle von den Eigenschwingungen der Atome hinreichend weit entfernt ist. Im anderen Falle (auch darauf wies ich damals hin) tritt Absorption auf, und, mit ihr verbunden, ein komplexer Wert des ψ für die absorbierende Atomart, und damit ein Versagen der FRIEDELschen Regel. Diese Voraussage hat sich völlig bestätigt, wenn auch erst vor wenigen Jahren durch die Untersuchungen verschiedener Forscher, unter anderen von GEIB und HOROVITZ am ZnS. Für Strahlungen, welche der K-Absorptionskante des Zn einigermaßen nahe liegen, zeigen die Interferenzen 111 und $\overline{1}\overline{1}\overline{1}$, oder 333 und $\overline{3}\overline{3}\overline{3}$, *verschiedene* Intensitäten. Man sieht daran, daß der Strukturfaktor von der Wellenlänge abhängig ist. Einen ähnlichen Phasenumschlag an den ψ-Werten bemerkten MARK und SZILARD beim RbBr an dem Auftauchen einer Interferenz im Absorptionsbereich, die sonst, d. h. bei Gültigkeit der FRIEDELschen Regel, den Strukturfaktor 0 hat.

Es verdient vielleicht Hervorhebung, daß man in diesen Versuchen einen unmittelbaren Hinweis auf Phasensprünge bei der Streuung von Strahlung im Atom besitzt; denn verglichen mit den zahlreichen Messungen über die Stärke dieser Streuung haben wir sonst kaum Kenntnis von Phasenbeziehungen.

Daß die elementare Theorie nur erste Näherung sein kann, schon weil sie von der Schwächung des einfallenden Strahles durch die Abspaltung des Interferenzstrahles absieht, hat wohl zuerst DARWIN (1914) bemerkt und zu einem Vorstoß in der Richtung auf Verbesserung verwertet. Eine mathematisch vollkommene dynamische Theorie hat dann in den Kriegsjahren EWALD veröffentlicht. Beide ersetzen jedes Atom durch einen unendlich kleinen Dipol. Die außerordentlich zahlreichen und in der Genauigkeit immer gesteigerten Strukturuntersuchungen, namentlich in England, haben aber zu der Erkenntnis geführt, daß dieser Ersatz den wirklichen Verhältnissen nicht gerecht wird. Die Elektronenladungen sind vielmehr stetig über die ganze Elementarzelle des Gitters ausgebreitet, wenngleich sie in der Nähe der Atommittelpunkte, der Kerne, Anhäufungen zeigen. Die empirischen Befunde passen ausgezeichnet zu den Vorstellungen der von SCHRÖDINGER begründeten Wellenmechanik. An diese müssen wir hier anknüpfen, um zu einer Grundlage für die moderne dynamische Röntgenstrahltheorie zu gelangen. Daß die historische Entwicklung ein wenig anders verlief, daß erst nach Aufstellung der neuen Formen der dynamischen Theorie vor wenigen Monaten deren Anschluß an die Quantentheorie durch KOHLER (5) erfolgte, braucht uns von diesem Vorgehen nicht abzuhalten.

KOHLER setzt die SCHRÖDINGER-Gleichung für die Gesamtheit der Elektronen eines Kristallstücks an und untersucht die Störung der Eigenfunktionen, welche infolge eines elektromagnetischen Feldes eintritt. Nun berechnen sich bekanntlich aus den SCHRÖDINGER-Funktionen eine elektrische Dichte ϱ und eine Stromdichte $\mathfrak{J}$. Für die letztere ergibt sich, sofern die Schwingungszahl ν des Feldes keiner Eigenschwingung des Elektronensystems zu nahe liegt, mit anderen Worten, sofern wir keiner Absorptionskante zu nahe kommen, Proportionalität zur zeitlichen Ableitung der elektrischen Feldstärke $\mathfrak{E}$ *am gleichen Orte,* obwohl doch in die Störungsrechnung das ganze Feld mit *allen* seinen $\mathfrak{E}$-Werten eingeht. Der Proportionalitätsfaktor enthält die Ladung ε eines Elektrons, seine Masse μ und die Frequenz ν. Die Beziehung lautet:

$$\mathfrak{J} = -\frac{\varepsilon}{\mu}\frac{\varrho}{(2\pi\nu)^2}\frac{\partial \mathfrak{E}}{\partial t}.$$

Andererseits steht in der einen der MAXWELLschen Gleichungen $\mathfrak{J}$ als Summand neben dem Verschiebungsstrom $\frac{\partial \mathfrak{E}}{\partial t}$ des leeren Raums, nämlich:

$$\operatorname{rot} \mathfrak{H} = \frac{1}{c}\left(\frac{\partial \mathfrak{E}}{\partial t} + \mathfrak{J}\right).$$

Setzt man für $\mathfrak{J}$ den angegebenen Wert ein, so folgt:

$$\operatorname{rot} \mathfrak{H} = \frac{1}{c}\left(1 - \frac{\varepsilon}{\mu}\frac{\varrho}{(2\pi\nu)^2}\right)\frac{\partial \mathfrak{E}}{\partial t}.$$

Dies aber sagt: Wir können die räumlich stetige Elektronenladung von der Dichte ϱ dadurch in Rechnung setzen, daß wir dem Kristalle die Dielektrizitätskonstante

$$\eta = 1 - \frac{\varepsilon}{\mu} \frac{\varrho}{(2\pi\nu)^2} \quad (<1)$$

zuschreiben; sie ist wie die Dichte ϱ selbst dreifach periodische Funktion des Ortes. Zugleich stimmt dieser Wert überein mit dem der klassischen Dispersionstheorie, sofern man sich ein ganzes Elektron in dem gegen die Wellenlänge kleinen Raum dS konzentriert denkt und dann den Strom berechnet, der sich aus seiner Mitschwingung ergibt.

So wertvoll diese Anknüpfung an die Quantentheorie ist, so leidet sie an einem, freilich schwer abzustellenden Mangel. Die SCHRÖDINGER-Theorie nimmt nicht Rücksicht auf die endliche Ausbreitungsgeschwindigkeit der physikalischen Wirkungen, während in dem Ansatz für die Lichtwelle diese selbstverständlich enthalten ist. Das ist hier, da wir die Theorie auf einen unter Umständen weit ausgedehnten Kristall anwenden, bedenklicher, als bei den sonstigen Störungsrechnungen für ein einzelnes Atom oder Molekül. Ich sagte schon, daß KOHLERs einfaches Ergebnis für die Nähe von Absorptionskanten nicht herauskommt. Vielleicht liegt die Schuld an jenen Komplikationen in diesem Mangel der Wellenmechanik.

Aus diesem Grunde ist die ältere, mehr physikalisch plausible Überlegung, die ich selbst 1931 der dynamischen Theorie zugrunde gelegt habe (6), auch *nach* KOHLERs schöner Quantenrechnung von einem gewissen Wert. Sie lautet: Da die positiven Ladungen der Atomkerne sich an der Streuung der Röntgenstrahlen gar nicht beteiligen, darf ich sie mir irgendwie anders verteilt denken, ohne daß dies für die Interferenz etwas ausmacht. Ich denke sie mir so verteilt, daß sie die negative, stetig verteilte Elektronenladung überall genau kompensiert, solange kein störendes Feld da ist. Tritt dies hinzu, so ruft die Verschiebung der negativen Ladungen in jedem Volumenelement eine elektrische Polarisation hervor, die, sofern für verschiedene Felder das Superpositionsprinzip gilt, zur Feldstärke proportional sein, also auf dem üblichen Wege mittels einer Dielektrizitätskonstanten berechenbar sein muß. Natürlich bleibt hierbei deren Betrag unbestimmt; auch ist nicht sicher gestellt, daß es nur auf die Feldstärke am gleichen Orte ankommt. Hier bietet erst KOHLERS Überlegung Gewißheit.

II.

Nach dem ersten Vortrag kommt die dynamische Theorie der Röntgeninterferenzen auf eine Integration der MAXWELLschen Gleichungen für einen Raum mit dreifach periodischer Dielektrizitätskonstante η hinaus. Als zweckmäßig erweist sich, an ihrer Stelle die ebenfalls dreifach periodische Raumfunktion

$$\psi = 1 - \frac{1}{\eta} \quad (< 0)$$

einzuführen und sie in die dreifache FOURIER-Reihe

$$\psi = \sum_m \psi_m \, e^{-2\pi i (\mathfrak{b}_m \mathfrak{r})}$$

zu entwickeln. $\mathfrak{r}$ bedeutet hier den Radiusvektor vom beliebig gewählten Nullpunkt zum Aufpunkt. Ersetzt man $\mathfrak{r}$ durch $\mathfrak{r} + \mathfrak{a}_1$, so nimmt nach der Definition des reziproken Gitters und seiner Translationen $\mathfrak{b}$ das Produkt $(\mathfrak{b}_m \, \mathfrak{r})$ um die ganze Zahl m_1 zu. Die Reihe ändert ihren Wert daher nicht; da dasselbe für Änderungen des Vektors $\mathfrak{r}$ um $\mathfrak{a}_2$ oder $\mathfrak{a}_3$ gilt, ist sie, wie verlangt, dreifach periodisch. Hier zeigt sich ganz besonders die mathematische Zweckmäßigkeit des reziproken Gitters.

Die FOURIER-Koeffizienten ψ_m berechnen sich wie stets durch Integration über die Periodizitätsbereiche, d. h. die Gitterzelle Z:

$$\psi_m = \frac{1}{Z}\int_Z \psi\, e^{2\pi i(\mathfrak{b}_m \mathfrak{r})}\, d\tau.$$

Wir lassen sie gänzlich unbestimmt, mit den folgenden Einschränkungen:

Im nichtabsorbierenden Kristall — nur von einem solchen sprechen wir im Folgenden — ist η, wie aus der Optik hinreichend bekannt, reell — das ergibt ja auch KOHLERs Rechnung. Dann aber ist auch ψ reell und die Koeffizienten ψ_m und ψ_{-m} sind konjugiert komplex. Weiter läßt die Formel für ψ_m die Folgerung zu:

$$|\psi_m| \leq |\psi_0|;$$

denn stellen wir die komplexen Zahlen $\psi\, e^{2\pi i(\mathfrak{b}_m \mathfrak{r})}$ als Vektoren in der Ebene dar, so gewinnt man $\psi_0 = \psi_{000}$ durch Vektoraddition der gleichgerichteten Vektoren ψ, bei ψ_m haben hingegen die zu addierenden Vektoren $\psi\, e^{2\pi i(\mathfrak{b}_m \mathfrak{r})}$ zwar noch dieselben Längen $|\psi|$, aber verschiedene Richtungen, ergeben daher eine kleinere Resultante. Drittens ist, wie ψ selbst, dessen Mittelwert

$$\psi_0 = \psi_{000} = -\frac{\varepsilon^2 N}{\mu(2\pi\nu)^2},$$

wo N die Zahl der Elektronen in der Volumeneinheit ist, negativ. Weiter sei sogleich erwähnt, daß ψ_0 mit dem Brechungsindex n für Röntgenstrahlen, wie er z. B. bei den Versuchen über deren Totalreflexion gemessen wird, in der Beziehung

$$n = 1 + \frac{1}{2}\psi_0 = 1 - \frac{\varepsilon^2 N}{2\mu(2\pi\nu)^2}$$

steht. Dieser ergibt sich danach, in Übereinstimmung mit allen Messungen, kleiner als 1; und die Abweichung berechnet sich hier ganz wie in der klassischen Dispersionstheorie. Ich erinnere daran, daß sie von der Größenordnung 10^{-5} bis 10^{-6} ist. Von derselben Größenordnung sind ψ und alle ψ_m.

Nach diesen Vorbereitungen gehen wir an die Lösung der MAXWELLschen Gleichungen für das Innere des Raumgitters. Die Tatsache der Interferenzerscheinungen beweist, daß die einzelne ebene Welle in ihm im allgemeinen nicht möglich ist. Hat eine solche den Wellenvektor $\mathfrak{K}_0$, d. h. sind die Feldgrößen in ihr durch den Faktor $e^{2\pi i [\nu t - (\mathfrak{K}_0 \mathfrak{r})]}$ gekennzeichnet, so müssen noch andere mit ihr verkoppelt sein, für deren Wellenvektoren der Ansatz

$$\mathfrak{K}_m = \mathfrak{K}_0 + \mathfrak{b}_m$$

zu vermuten ist; wenigstens ginge dieser in die Grundgleichung der elementaren Theorie über, wenn man die Längen $|\mathfrak{K}_0|$ und $|\mathfrak{K}_m|$ wie bei jener als das Reziproke der Vakuumwellenlänge ansetzen dürfte. Freilich, die Existenz eines von 1 verschiedenen Brechungsindex verbietet, dies als streng richtig anzusehen. Man wird also diese Längen zunächst unbestimmt lassen, und als voneinander verschieden betrachten. Das aber bedeutet in der EWALDschen Kugelkonstruktion den Verzicht auf genaue Lage der fraglichen Gitterpunkte auf jener Kugel. Man wird aber alle sich hier bietenden Möglichkeiten umfassen, wenn man für die elektrische Verschiebung $\mathfrak{D}$ den Ansatz macht:

$$\mathfrak{D} = e^{2\pi i \nu t} \sum_m \mathfrak{D}_m \, e^{-2\pi i (\mathfrak{K}_m \mathfrak{r})}$$

und die Indizes m_1, m_2, m_3 über *alle* ganzen Zahlenwerte laufen läßt. Den Grund, aus welchem wir die Verschiebung vor der Feldstärke bevorzugen, bildet die Gleichung

$$\operatorname{div} \mathfrak{D} = 0.$$

Aus ihr folgt nämlich, daß jeder der Vektoren $\mathfrak{D}_m$ auf dem zugehörigen $\mathfrak{K}_m$ senkrecht steht — für die Feldstärke wäre keine derartige Aussage möglich. Die Komponente von $\mathfrak{D}_q$ senkrecht zur Richtung $\mathfrak{K}_m$ nennen wir $\mathfrak{D}_{[m]}$. Man

wird dem Ansatz für $\mathfrak{D}$ den entsprechenden für die magnetische Feldstärke $\mathfrak{H}$ an die Seite setzen:
$$\mathfrak{H} = e^{2\pi i \nu t} \sum_m \mathfrak{H}_m e^{-2\pi i (\mathfrak{K}_m \mathfrak{r})}.$$
In der Tat erweist sich dieser Ansatz als brauchbar. In aller Strenge gilt: Notwendige und hinreichende Bedingung dafür, daß er den MAXWELLschen Gleichungen genügt, bilden die unendlich vielen linearen Beziehungen zwischen den Vektoren $\mathfrak{D}_m$
$$\frac{\mathfrak{K}_m^2 - k^2}{\mathfrak{K}_m^2} \mathfrak{D}_m = \sum_q \psi_{m-q} \mathfrak{D}_{q[m]}$$
($k = \dfrac{\nu}{c}$ ist das Reziproke der Vakuum-Wellenlänge λ). Sind sie gelöst, so berechnen sich die Koeffizienten $\mathfrak{H}_m$ aus den Gleichungen
$$\mathfrak{H}_m = \frac{k}{\mathfrak{K}_m^2} [\mathfrak{K}_m \mathfrak{D}_m].$$
Es kommt also alles auf die Lösung der Gleichungen für die $\mathfrak{D}_m$ an; wir bezeichnen sie als die *Grundgleichungen*.

Ebensowenig wie eine endliche Zahl homogener linearer Gleichungen für die entsprechende Zahl von Unbekannten, sind sie für alle Werte ihrer Koeffizienten lösbar. Vielmehr muß dazu die (unendliche) Determinante aus diesen Null sein. Sie enthält die $\mathfrak{K}_m^2$; und diese sind nach dem Obigen bei gegebenem Gitter durch $\mathfrak{K}_0$ eindeutig bestimmt. Also enthält die Lösbarkeitsbedingung die noch ausstehende Festsetzung über den Betrag von $\mathfrak{K}_0$ und damit aller anderen $\mathfrak{K}_m$, sofern die Richtung von $\mathfrak{K}_0$ vorgeschrieben wird.

Hiermit ist *bewiesen*, daß nicht einzelne ebene Wellen, sondern nur aus (im Prinzip unendlich) vielen ebenen Wellen zusammengesetzte *Wellenfelder* existieren. Nicht einmal die Hervorhebung einer Welle $\mathfrak{K}_0$ als der primären ist im allgemeinen gerechtfertigt. Wir können ja in den unendlichen Summen der letzten Formeln die Laufzahlen m_1, m_2, m_3 um irgendwelche ganzzahligen Summanden verändern, d. h. den Nullpunkt des reziproken Gitters willkürlich verlegen, so daß eine andere Welle jetzt $\mathfrak{K}_0$ heißt. Diese Gleichberechtigung aller Wellen $\mathfrak{K}_m$ wird sich auch an dem Beispiel zweier Wellen zeigen, auf das wir später ausführlich zu sprechen kommen.

Zur tatsächlichen Lösung eines unendlichen Systems homogener linearer Gleichungen ist die heutige Mathematik leider nur in Ausnahmefällen imstande. Und so ist die Physik bei diesem Problem gezwungen, von hier an Näherungsmethoden zu benutzen. Diese Methoden verdanken wir EWALD; sie sind leider viel weniger bekannt, als sie nach ihrer Eleganz und Wichtigkeit verdienen. Ich stehe nicht an, sie für ein Meisterwerk der theoretischen Physik, für ein $\varkappa\tau\tilde{\eta}\mu\alpha$ $\dot{\varepsilon}\sigma$ $\dot{\alpha}\varepsilon\acute{\iota}$ zu erklären; ich möchte mir die Freude nicht entgehen lassen, sie Ihnen einigermaßen ausführlich zu schildern. Ihr Grundgedanke liegt nach der elementaren Theorie einfach genug: Es treten immer nur wenige abgebeugte Strahlen in Erscheinung. Also streichen wir alle Wellen aus dem Ansatz fort, von denen wir wissen, daß sie nicht merklich werden. Die Auswahl treffen wir nach einer gemilderten EWALDschen Konstruktion. Wir berücksichtigen nur solche Wellen, für welche die entsprechenden Gitterpunkte der EWALDschen Kugel naheliegen.

Der einfachste Fall, in welchem nur der Strahl $\mathfrak{K}_0$ dieser Probe genügt, führt zu der schon vorweggenommenen Aussage über den Brechungsindex n. Interessanter wird die Untersuchung, wenn noch ein zweiter, $\mathfrak{K}_m$, sich dem zugesellt, wenn wir also den einen Interferenzstrahl mit den Indizes m_1, m_2, m_3 zur Beobachtung bekommen. In ihm kennen wir aus Symmetrie von vornherein die beiden möglichen Schwingungsrichtungen. Entweder liegen beide elektrischen Vektoren $\mathfrak{D}_0$ und $\mathfrak{D}_m$ *senkrecht* zur Ebene der beiden Strahlen (das nennen wir Fall a) oder *in* ihr (Fall b). Die Grundgleichungen vereinfachen sich dann zu den „*reduzierten Grundgleichungen*", die für Fall a lauten:

$$\frac{\mathfrak{K}_0^2-k^2}{\mathfrak{K}_0^2}\mathfrak{D}_0 = \psi_0\mathfrak{D}_0 + \psi_{-m}\mathfrak{D}_m, \quad \frac{\mathfrak{K}_m^2-k^2}{\mathfrak{K}_m^2}\mathfrak{D}_m = \psi_0\mathfrak{D}_m + \psi_m\mathfrak{D}_0.$$

Für Fall b sind hier — und deshalb auch in allem Weiteren — ψ_m und ψ_{-m} mit dem Faktor cos Θ zu versehen, wobei Θ den Winkel zwischen $\mathfrak{K}_0$ und $\mathfrak{K}_m$ mißt. Es liegt im Wesen dieser Näherung, daß wir den Wert dieses Winkels aus der elementaren Theorie entnehmen, ihn also als fest gegeben betrachten, obwohl er sich genau genommen erst nach Ermittlung von $\mathfrak{K}_0$ und $\mathfrak{K}_m$ angeben ließe.

Wir haben nun die Determinante der Koeffizienten dieser Gleichungen zu bilden, aus ihr bei vorgegebener Richtung $\mathfrak{K}_0$ den Betrag $|\mathfrak{K}_0|$ zu ermitteln und sodann das Verhältnis $\mathfrak{D}_m : \mathfrak{D}_0$, d. h. das Stärke- und Phasen-Verhältnis der Strahlen $\mathfrak{K}_m$ und $\mathfrak{K}_0$ zu bestimmen. Wir schildern das Ergebnis an Hand der Abb. 2, welche wie Abb. 1 im Raume des reziproken Gitters liegt. Daß sie eben ist, macht wenig aus; wir können sie um die Verbindung der Gitterpunkte o und m beliebig drehen, ohne daß sie unrichtig würde. Ihr Maßstab ist einige 10^5mal größer als in Abb. 1. Sie stellt die Umgebung des Punktes L dar, und deshalb müssen wir uns die beiden Punkte o und m weit außerhalb unserer Zeichnung denken. Kreise um diese Punkte sind innerhalb unserer Abbildung von Geraden nicht zu unterscheiden.

In der Abbildung, die sich zunächst auf Fall a beziehen soll, sehen Sie den schon erwähnten Punkt L, der wie in Abb. 1 von o und m den Abstand $k = \frac{1}{\lambda}$ hat. Von ihm aus müßten nach der elementaren Theorie die Wellenvektoren $\mathfrak{K}_0$ und $\mathfrak{K}_m$ ausgehen, wenn die Interferenz m zustande kommen soll. Die dynamische Theorie ersetzt ihn durch zwei Kurvenzüge H^+ und H^-; von jedem ihrer Punkte A aus kann man die Vektoren $\overrightarrow{A\mathrm{o}} = \mathfrak{K}_0$ und $\overrightarrow{Am} = \mathfrak{K}_m$ ziehen, die dann natürlich je nach Wahl von A etwas verschiedene Richtungen erhalten. Ich füge

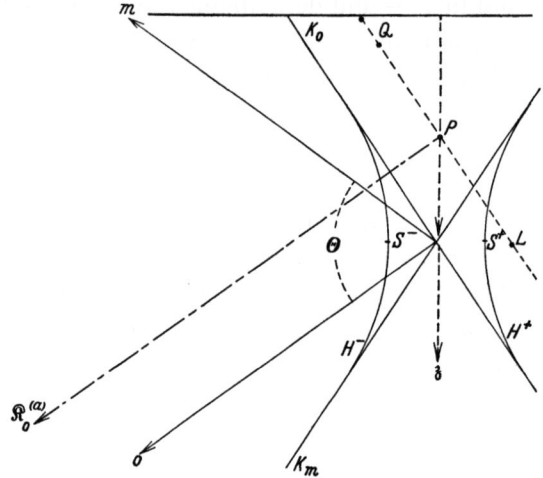

Abb. 2. Die Wellenfläche, wenn Θ spitz.

sogleich hinzu, daß diese Richtungsunterschiede nach Sekunden zählen.

Weicht $\mathfrak{K}_0$ in der Richtung stärker von $\overrightarrow{L\mathrm{o}}$ ab, so ist $\mathfrak{K}_m$ eben nicht vorhanden, und wir haben Punkt A auf einem um o geschlagenen Kreise, K_0 (räumlich gesprochen einer Kugel) vom Halbmesser

$$kn = k(1 + \tfrac{1}{2}\psi_0) < k$$

zu suchen, wie aus dem für *einen* Strahl Gesagten folgt. Ebenso wäre der Anfangspunkt A eines von $\overrightarrow{Lm}$ weiter abweichenden Strahles $\vec{Am}$ auf einem gleich großen Kreise K_m um Punkt m zu suchen. In der Nähe von L schneiden sich beide Kreise, sie verlieren hier ihre Bedeutungen als Wellenflächen, weil eben beide Strahlen der Größenordnung nach gleich stark sind. Und nun sind die Punkte A auf den Kurven H^+ und H^- zu suchen, welche die Äste einer Hyperbel bilden und sich den Geraden K_0 und K_m asymptotisch anschmiegen. S^-S^+ ist die Hauptachse der Hyperbel und hat die Länge

$$\frac{k\,|\psi_m|}{\cos\tfrac{1}{2}\Theta},$$

beträgt also größenordnungsmäßig $10^{-5}\,k$ bis $10^{-6}\,k$. Nehmen wir Punkt A zunächst weit oben auf K_0 an, so gibt es nur den Strahl $\mathfrak{K}_0$. Lassen wir A allmählich nach unten wandern, so verläßt dieser Punkt K_0, sobald $\mathfrak{K}_m$ merklich wird, und geht auf den Bogen H^- über. Fällt A auf S^-, so sind beide Strahlen gleich stark, und rückt A noch weiter nach unten, so nimmt $\mathfrak{K}_0$ an Stärke immer mehr ab, während $\mathfrak{K}_m$ zunimmt. Schließlich liegt A auf K_m; es ist nur der Strahl $\mathfrak{K}_m$ vorhanden. Nehmen wir aber A zunächst oben auf K_m an, so daß anfangs nur $\mathfrak{K}_m$ da ist, so begibt A sich bei allmählicher Wanderung nach unten auf den Hyperbelbogen H^+, indem zugleich $\mathfrak{K}_0$ auftaucht. In S^+ sind wieder beide Strahlen gleich stark, und bei weiterer Wanderung gelangt A, während $\mathfrak{K}_m$ allmählich verschwindet, auf K_0. Beide Strahlen des Wellenfeldes sind in dieser Betrachtung völlig gleichberechtigt.

Nach der Abbildung gehören zu jeder Geraden durch o *zwei* Schnittpunkte mit der Hyperbel, d. h. zwei Lösungssysteme der reduzierten Grundgleichungen. Sie unterscheiden sich außer im Betrage von $|\mathfrak{K}_0|$ auch im Stärkeverhältnis und in den Phasenbeziehungen der Schwingungen $\mathfrak{D}_0$ und $\mathfrak{D}_m$. Und zwar gilt der Satz: Die Phasendifferenz ist auf jedem Hyperbelaste konstant, die beiden Äste unterscheiden sich in ihr um π. Wie groß eine der Phasendifferenzen selbst ist, läßt sich aber nicht allgemein sagen, sondern hängt von dem Azimuth der komplexen Zahl ψ_m ab.

Fall b, in welchem die Schwingungen *in* der Zeichenebene liegen, unterscheidet sich von Fall a, wie erwähnt, im Ersatz des ψ_m und ψ_{-m} durch $\psi_m \cos \Theta$ und $\psi_{-m} \cos \Theta$. Die Achse der Hyperbel wird dadurch um den Faktor $|\cos \Theta|$ kleiner, die ganze Figur zieht sich dementsprechend etwas zusammen; das ist der einzige Unterschied. Die gesamte Wellenfläche hat danach 4 Schalen, jede einem Aste der beiden Hyperbeln zugeordnet. Für jede Schale ist kennzeichnend die Schwingungsrichtung, ob in oder senkrecht zur Ebene der Strahlen, und die Phasendifferenz zwischen $\mathfrak{D}_0$ und $\mathfrak{D}_m$. Für Richtungen, die vom Interferenzfall weiter abweichen, vereinigen sich je zwei Schalen zu einer der Kugeln K_0 oder K_m, die deswegen doppelt zu zählen sind, weil für sie beide Schwingungsrichtungen möglich sind. Die Wellenfläche für zwei Strahlen hat in diesem Sinne *überall* 4 Schalen.

Wir haben bisher so gesprochen, als müßten die Punkte A stets reell sein. Daß wir damit nicht auskommen, zeigt Abb. 3, die sich von 2 nur durch andere Wahl des Winkels Θ zwischen $\mathfrak{K}_0$ und $\mathfrak{K}_m$ unterscheidet. In Abb. 2 war er spitz; jetzt ist er stumpf. Jetzt gibt es der Richtung L o nahe Geraden durch Punkt o, welche die Hyperbeläste nicht in reellen Punkten schneiden. Was hat das physikalisch zu bedeuten?

Nun, dann ist der Vektor $\mathfrak{K}_0$ komplex, d. h. aus zwei in derselben Geraden liegenden reellen Vektoren $\mathfrak{K}_0^{(r)}$ und $\mathfrak{K}_0^{(i)}$ zusammenzusetzen nach der Gleichung:

$$\mathfrak{K}_0 = \mathfrak{K}_0^{(r)} \pm i\, \mathfrak{K}_0^{(i)}.$$

Das doppelte Vorzeichen entspringt den konjugiert komplexen Koordinaten-Werten für die beiden nicht-reellen Schnittpunkte. In der Exponentialfunktion $e^{-2\pi i(\Re_0 \mathfrak{r})}$ tritt deshalb ein Dämpfungsglied $e^{\mp 2\pi(\Re_0^i \mathfrak{r})}$ auf, welches das Abklingen der Schwingung in der Richtung $\Re_0^{(r)}$ anzeigt. Nach

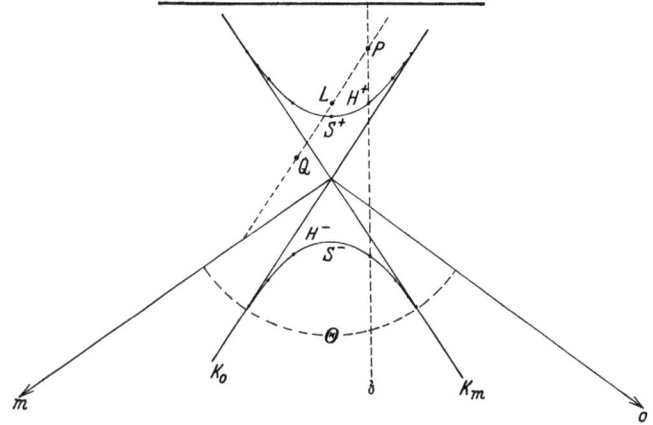

Abb. 3. Die Wellenfläche, wenn Θ stumpf.

der Gleichung $\Re_m = \Re_0 + \mathfrak{b}_m$ haben alle $\Re_m$ eines Wellenfeldes *denselben* imaginären Anteil, die Schwingungen $\mathfrak{D}_m$ klingen alle in derselben Richtung und gleich schnell ab. Wir werden einem ähnlichen Fall bald auch für spitze Winkel begegnen, wenn wir in der nächsten Vorlesung an das Reflexionsproblem kommen.

III.

Mit dieser Beschreibung eines Wellenfeldes im Innern des Kristalls ist aber für die Deutung von Versuchen noch nicht viel gewonnen, da doch stets Ein- und Austritt der Röntgenstrahlen bei diesen ins Spiel tritt. Wir müssen folglich dem Bisherigen das „Reflexionsproblem" anfügen. Zu diesem Zwecke denken wir uns den Kristall oben und unten durch parallele Ebenen begrenzt, die aber keiner Netzebenenschar des Raumgitters anzugehören brauchen. Der einfallende Strahl kommt von oben. Herrscht im Kristall ein Wellenfeld mit den beiden überwiegend starken Strahlen $\mathfrak{K}_0$ und $\mathfrak{K}_m$, so werden ihnen im allgemeinen auch im Außenraum oben und unten zwei Strahlen $\mathfrak{K}_0^{(a)}$ und $\mathfrak{K}_m^{(a)}$ von *fast* denselben Richtungen entsprechen, jedoch betrachten wir besonders Fälle, in denen entweder oben oder unten kein $\mathfrak{K}_m^{(a)}$ auftritt. Entscheidend für das Folgende ist die Bemerkung, daß die tangentiellen Komponenten von $\mathfrak{K}_0^{(a)}$ und $\mathfrak{K}_0$ *genau* übereinstimmen müssen. Dieser übrigens auch für das Reflexionsproblem der Optik zutreffende Satz sagt nämlich aus, daß die Phasen der beiden Wellen über die Grenzebene mit der gleichen Geschwindigkeit hinweggleiten. Die Exponenten von $e^{-2\pi i (\mathfrak{K}_0 \mathfrak{r})}$ und $e^{-2\pi i (\mathfrak{K}_0^a \mathfrak{r})}$ müssen — mathematisch ausgedrückt — für jeden Punkt dieser Ebene übereinstimmen; darin liegt der Beweis.

Danach erhalten wir einen Ort für mögliche Anregungspunkte A, indem wir in Abb. 2 und 3 den Vektor $\overrightarrow{oP} = -\mathfrak{K}_0^{(a)}$ ziehen. Durch P ziehen wir das Lot $\mathfrak{z}$ auf die Grenzflächen. Irgendwo auf ihm liegt A, denn die Vektoren $\overrightarrow{Ao} = \mathfrak{K}_0$ und $\overrightarrow{Po} = \mathfrak{K}_0^{(a)}$ haben nach dieser Konstruktion wohl verschiedene Komponenten parallel zu $\mathfrak{z}$, aber nicht senkrecht dazu. Andererseits muß jeder Anregungspunkt auf der Wellenfläche liegen. Folglich können nur die beiden Schnittpunkte von $\mathfrak{z}$ mit dieser Fläche Anregungspunkte sein. Es gibt also für jeden einfallenden Strahl $\mathfrak{K}_0^{(a)}$ *zwei* mögliche Wellenfelder im Kristall; zu ihrer Unterscheidung dienen die oberen Indizes (1) und

(2). Ihre Wellenvektoren $\mathfrak{K}_0^{(1)}$, $\mathfrak{K}_0^{(2)}$, ebenso auch $\mathfrak{K}_m^{(1)}$, $\mathfrak{K}_m^{(2)}$ unterscheiden sich *ein wenig* in der Richtung, weil eben die Anregungspunkte $A^{(1)}$ und $A^{(2)}$ ein wenig verschieden liegen. Wann sind nun die Anregungspunkte reell, wann imaginär?

Hier sind zwei Möglichkeiten zu sondern; je nachdem man den Interferenzstrahl auf der Rückseite der Kristallplatte beobachtet, oder, wie bei den BRAGGschen Reflexionsversuchen, auf der Vorderseite; je nachdem also der Wellenvektor $\mathfrak{K}_m$ nach *unten* weist, wie in Abb. 3 (*Fall I*) oder nach *oben*, wie in Abb. 2 (*Fall II*). Im Fall I schneidet jedes Lot $\mathfrak{z}$, welches in der Umgebung des Punktes L vorüberführt, notwendig beide Schalen H^+ und H^- der Wellenfläche in reellen Punkten, im Fall II hingegen *kann* es zwischen ihnen hindurch führen, so daß die Schnittpunkte A imaginär werden.

Wir beschäftigen uns zunächst mit diesem Fall.

Die beiden Anregungspunkte A haben in ihm konjugiert komplexe Werte der z-Koordinate, während sie in den beiden anderen, reellen Koordinaten übereinstimmen. Infolgedessen erhalten die beiden Wellenvektoren $\mathfrak{K}_0^{(1)}$ und $\mathfrak{K}_0^{(2)}$ ebenso auch $\mathfrak{K}_m^{(1)}$ und $\mathfrak{K}_m^{(2)}$ imaginäre Bestandteile verschiedenen Vorzeichens nur in ihren z-Komponenten. Dies bedeutet exponentiellen Amplitudenabfall in der positiven oder in der negativen z-Richtung, d. h. mit wachsender oder mit abnehmender Tiefe unter der Vorderfläche. Ist nun der Kristall sehr dick, so kann nur die nach unten abnehmende Welle existieren, die andere käme nur dann daneben in Betracht, wenn die erstere bis zur Hinterfläche reichte; und so dünne Platten wollen wir von der Betrachtung ausschließen. Dann existiert also nur *ein*, und zwar ein *gedämpftes* Wellenfeld in der Kristallplatte.

Eine notwendige Folge der Dämpfung ist nun, daß der Strahl $\mathfrak{K}_m$ in jeder Tiefe dieselbe Stärke[1] hat, wie $\mathfrak{K}_0$. An der Oberfläche ist er daher gerade so stark, wie der einfallende Strahl $\mathfrak{K}_0^{(a)}$ und gibt zu einem diesem gleichen, austretenden Strahl $\mathfrak{K}_m^{(a)}$ Anlaß. *Es findet Totalreflexion statt.* In der Tat kann ja die einfallende Energie, da ihrem Eindringen in den Kristall Grenzen gesetzt sind, keinen anderen Weg als den in den Strahl $\mathfrak{K}_m^{(a)}$ einschlagen. Die Breite ihres Winkelbereichs $\Delta\chi$ können wir uns an Abb. 2 klar machen: Ändern wir den Einfallswinkel χ von $\mathfrak{K}_0^{(a)}$, so verschieben wir den Punkt P, natürlich auf der Geraden LQ, die eigentlich ein Stück Kreis um o ist; denn der Abstand oP ist gleich k vorgeschrieben. Der Bereich für P, welcher zu imaginären Punkten A Anlaß gibt, hängt nun ersichtlich mit dem Abstand der Hyperbeläste H^+ und H^- zusammen, also mit der Strecke

$$S^+ S^- = \begin{cases} \dfrac{k\,|\psi_m|}{\cos\dfrac{\Theta}{2}} & \text{für Fall a} \\[1em] \dfrac{k\,|\psi_m|}{\cos\dfrac{\Theta}{2}} |\cos\Theta| & \text{für Fall b} \end{cases}$$

Die Durchrechnung zeigt, daß

$$\Delta\chi = \begin{cases} \dfrac{2}{\sin\Theta}\sqrt{\left|\dfrac{\gamma_m}{\gamma_0}\right|}\,|\psi_m| & \text{für Fall a} \\[1em] 2\,|\operatorname{ctg}\Theta|\sqrt{\left|\dfrac{\gamma_m}{\gamma_0}\right|}\,|\psi_m| & \text{für Fall b} \end{cases}$$

ist. γ_0 und γ_m sind dabei die Richtungskosinusse von $\mathfrak{K}_0^{(a)}$ und $\mathfrak{K}_m^{(a)}$; letzterer ist in Fall II negativ, so daß unter der Wurzel der absolute Wert von $\dfrac{\gamma_m}{\gamma_0}$ steht.

---

[1] Genauer: Es ist
$$|\gamma_m|\,|\mathfrak{D}_m|^2 = \gamma_0\,|\mathfrak{D}_0|^2$$
γ_m, γ_0 sind im Text weiter unten definiert.

Nach der elementaren Theorie müßten sich die Bogen H^+ und H^- zusammenziehen und zum Punkt L einschrumpfen, wie wir schon sahen. Dann müßte Punkt P, um überhaupt etwas der bisherigen Konstruktion Ähnliches zu ermöglichen, ebenfalls nach L wandern, und das bedeutete eine *Vergrößerung* des Einfallswinkels χ von $\mathfrak{K}_0^{(a)}$. Also liegt die Totalreflexion bei *kleineren* Einfallswinkeln, als die Interferenzstelle der elementaren Theorie (χ_e). Das ist eine Folge des *negativen* Wertes der Streufunktion ψ. Die Rechnung gibt für den Abstand der Mitte des Bereichs (χ_M) von ihr den Wert[1]

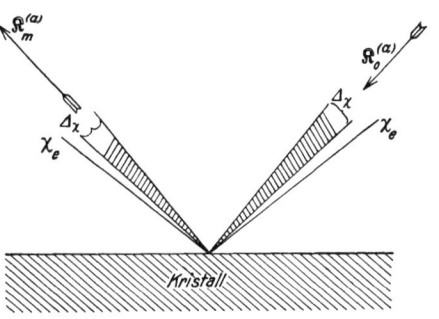

Abb. 4. Das Reflexionsvermögen als Funktion des Einfallswinkels.

$$\chi_M - \chi_e = \frac{\psi_0}{2 \sin \Theta} \left(1 + \left|\frac{\gamma_m}{\gamma_0}\right|\right);$$

er hängt durch ψ_0 somit mit dem Brechungsindex n für den einzelnen Strahl zusammen. Die Stelle χ_e liegt danach außerhalb des Bereichs, kann jedoch unter besonderen Bedingungen auf seine Grenze fallen. In vieltausendfacher Übertreibung aller Winkelunterschiede veranschaulicht dies Abb. 4. Aus der Differenz $\chi_M - \chi_e$ ergibt sich die anfangs erwähnte Korrektur für die Wellenlängenmessung mit einem Kristall.

In allen anderen Fällen ergibt die Konstruktion, die wir in Abb. 2 und 3 vornahmen, zwei reelle Anregungspunkte, d. h. zwei ungedämpfte Wellenfelder, die sich bis zur Rückfläche der Kristallplatte ausdehnen. Wie sich

---

[1] Gültig für Fall a und b.

ihre Stärke aus der einfallenden Welle $\mathfrak{K}_0^{(a)}$ berechnet, müssen die Grenzbedingungen für beide Grenzflächen ergeben. Diese sagen Stetigkeit der elektrischen Verschiebung in allen ihren Komponenten aus; denn auf die geringfügige Abweichung, welche eine Berücksichtigung der Dielektrizitätskonstanten η eigentlich verlangte, kommt es nicht an, solange wir nicht die gewöhnliche, auf der Änderung dieser Konstanten an der Oberfläche beruhende Spiegelung beobachten — was noch nie der Fall war. Ohne näher darauf einzugehen, läßt sich aber sagen:

Aus der Überlagerung zweier Wellenfelder mit ein wenig verschiedenen Anregungspunkten folgt, wie erwähnt, daß sich zwei Wellen $\mathfrak{K}_0^{(1)}$, $\mathfrak{K}_0^{(2)}$ mit *fast* gleicher Richtung im Innern überlagern. Diese ergeben notwendig räumliche Schwebungen; die resultierende Schwingung ist in ihrer Stärke abhängig von dem Abstand von den Grenzflächen. Dasselbe gilt für das Wellenpaar $\mathfrak{K}_m^{(1)}$ und $\mathfrak{K}_m^{(2)}$. Deshalb kann man im Fall II außerhalb des Bereiches der Totalreflexion überhaupt keine bestimmten Aussagen über die Stärke der Reflexion machen; vielmehr hängt es noch von der Dicke des Kristalls ab, wieviel der einfallenden Energie auf der Vorderseite, wieviel auf der Rückseite wieder austritt; wir haben hier eben Interferenzerscheinungen an einer Planplatte vor uns, die wir aus der Optik ja recht gut kennen. Will man hier trotzdem zu einem bestimmten Ergebnis gelangen, so kann man dies durch die Annahme erreichen, daß der Kristall absorbiert; zwar so schwach, daß man die bisherigen Rechnungen nicht abzuändern braucht, aber doch hinreichend, um eine dicke Kristallplatte undurchsichtig zu machen. Unter diesen Voraussetzungen bleibt nach Rechnungen Kohlers (7) nur ein Wellenfeld übrig, und man erhält ein bestimmtes Reflexionsvermögen der Platte. In Abb. 5 sehen Sie dies in

Abhängigkeit vom Einfallswinkel χ aufgetragen. Bei χ_e läge die Interferenzstelle nach der elementaren Theorie, bei kleineren Einfallswinkeln finden Sie den Bereich der Totalreflexion mit dem Reflexionsvermögen 1, rechts und links davon klingt dies allmählich auf Null ab. Die Abbildung gilt gleichmäßig für beide Schwingungsrichtungen a und b. Nur der Maßstab der Abszisse ist in ihnen verschieden. Das gesamte Reflexionsvermögen, dargestellt durch den Flächeninhalt dieses Kurvenzuges, ist wie die Breite des Totalreflexionsbereiches proportional zum absoluten Wert $|\psi_m|$. Dieser bewährt sich somit auch in der dynamischen Theorie als der *Strukturfaktor*; nur daß die Intensität eines Streustrahles nicht wie in der elementaren Theorie zum Quadrat des absoluten Wertes $|\psi_m|$, sondern zu diesem selbst proportional ist. Weiter sind außerhalb der Bereiche stärkerer Absorption, wie erwähnt, ψ_m und ψ_{-m} konjugiert komplex. Also haben die Interferenzmaxima m_1, m_2, m_3 und $\overline{m}_1$, $\overline{m}_2$, $\overline{m}_3$ dieselbe Intensität; es bestätigt sich hier die FRIEDELsche Regel.

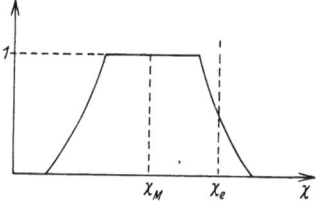

Abb. 5. Bereich der Totalreflexion und Interferenzstelle.

Im Fall I, in welchem beide Strahlen $\mathfrak{K}_0$ und $\mathfrak{K}_m$ nach unten gerichtet sind und wegen fehlender Dämpfung bis zur Rückfläche reichen, um dort wieder auszutreten, erhalten wir stets die geschilderten Intensitätsschwankungen. Und zwar schwankt das Strahlenpaar $\mathfrak{K}_m^{(1)}$, $\mathfrak{K}_m^{(2)}$ zwischen Null und einem Maximalwert, während das Paar $\mathfrak{K}_0^{(1)}$, $\mathfrak{K}_0^{(2)}$ zwar auch Minima hat, nämlich wo die Maxima des ersten Paares liegen, aber nicht auf Null heruntergeht. Dies Hin- und Herwechseln der Strahlung von einer Richtung zur anderen schildert EWALD mit dem Ausdruck

„Pendellösung" für die Lösung der MAXWELLschen Gleichungen im Fall I. Seine Ursache ist, daß nicht nur das Strahlungspaar $\mathfrak{K}_0^{(1)}$, $\mathfrak{K}_0^{(2)}$ das Strahlungspaar $\mathfrak{K}_m^{(1)}$, $\mathfrak{K}_m^{(2)}$ anregt, sondern auch umgekehrt. Könnte man den Öffnungswinkel und die spektrale Breite des einfallenden Strahls $\mathfrak{K}_0^{(a)}$ hinreichend gering wählen, hätte man ferner eine genau planparallele, in der Struktur ideale Kristallplatte, so könnte im Durchstrahlungsversuch sehr wohl der Interferenzstrahl $\mathfrak{K}_m^{(a)}$ fehlen, auch wenn er nach der elementaren Theorie auftreten sollte. Zum Glück sind diese Bedingungen alle so gut wie unerfüllbar.

Damit wäre wohl in der Hauptsache gesagt, was die dynamische Theorie über jene Versuche lehrt, bei denen Röntgenstrahlung von außen auf einen Kristall gesandt wird. Hinzuzufügen wäre nur, daß ein idealer Kristall, wie sie ihn annimmt, nur ganz selten zu finden ist, und daß die sonst auftretende Mosaikstruktur die Erscheinungen wesentlich beeinflußt. Zum Beispiel verbreitert sich der Bereich merklicher Reflexion im Fall II unter Umständen recht erheblich, und sie hebt die Wirkung der Extinktion zum guten Teil auf, weil das einzelne Kristallstück dann nicht mehr so dick ist, daß sich das besprochene abklingende Wellenfeld allein in ihm ausbildet. Über alle diese Fragen hat schon vor 20 Jahren DARWIN wichtige Ergebnisse erzielt, auf die wir aber hier nicht eingehen können.

IV.

Nun möchte ich auf die Umkehrung der älteren Versuche zu sprechen kommen, die darin liegt, daß man die Strahlungsquelle in den Kristall verlegt. Die ersten sicheren Ergebnisse dieser Art verdanken wir KOSSEL und seinen Mitarbeitern (8); sie stammen aus diesem Jahr

(1935). KOSSEL regt die Atome eines Kristalls — meist ist es ein großer Kupferkristall — zur Aussendung ihrer K-Strahlung an, in den bisher veröffentlichten Versuchen mittels Kathodenstrahlen. Dieser Punkt ist aber für das

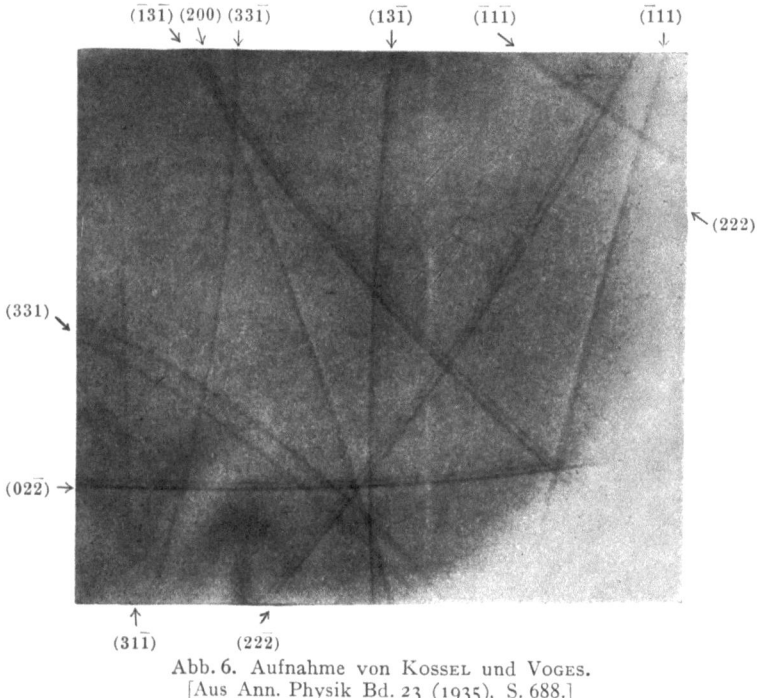

Abb. 6. Aufnahme von KOSSEL und VOGES.
[Aus Ann. Physik Bd. 23 (1935), S. 688.]

Verständnis nebensächlich. Auf einer photographischen Platte, die in einigem Abstande parallel zur Kristalloberfläche steht, findet man dann die allgemeine Schwärzung, welche von der nach allen Seiten ausgehenden Fluoreszenz- und Brems-Strahlung herrührt. Aber aus ihr heben sich heraus die Interferenzkegel, an welche die Interferenzmaxima für die Fluoreszenzstrahlung gebunden sind. Diese Kegel sind, wie bekannt, fest mit dem Raumgitter verbunden. Ein Kristallpulver, bei welchem die Körner wie bei den Debye-Scherrer-Versuchen regellos liegen, kann

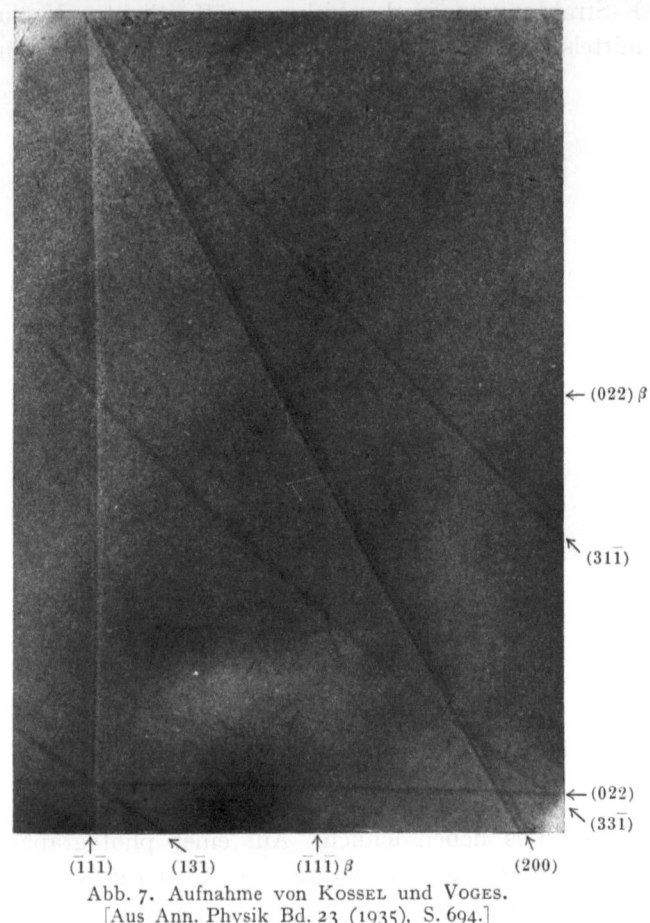

Abb. 7. Aufnahme von Kossel und Voges.
[Aus Ann. Physik Bd. 23 (1935), S. 694.]

daher von der Erscheinung nichts zeigen. Diese Kegel kann ich Ihnen auf einigen Photogrammen vorführen (Abb. 6 und 7). Sie sind dort durch geeignetes Umkopieren besser sichtbar gemacht als auf den Originalplatten. Ihre

Indizes sind angeschrieben. Die Verdoppelungen rühren von dem gleichzeitigen Auftreten der Linie K_α und K_β her. Auf allen diesen Aufnahmen erscheinen sie, abgesehen von einer Feinstruktur, als *Verstärkung* der Strahlung. Jedoch dürften auch Kegel mit geschwächter Strahlung möglich sein. Wählt man als Oberfläche eine der kristallographisch hervorgehobenen Netzebenen, etwa eine Würfelfläche 100 oder eine Oktaederfläche 111, so zeigt die Anordnung der Kegel natürlich eine hohe, 4- oder 3-zählige Symmetrie. Wenn Sie in den vorliegenden Aufnahmen davon nichts bemerken, so liegt dies nur daran, daß diese verhältnismäßig kleine Ausschnitte aus der ganzen Erscheinung darstellen.

Zur Deutung dieser Versuche kann man ein einzelnes Atom als strahlend denken; denn da die Fluoreszenzstrahlung verschiedener Atome inkohärent ist, also ihre Intensitäten sich addieren, bewirkt ihre Vielheit nur eine Verstärkung um einen konstanten Faktor. Sodann bedient man sich dazu des Reziprozitätssatzes der MAXWELLschen Theorie (9). Dieser handelt von der Vertauschung von Lichtquelle und Aufpunkt und sagt aus: die Intensität, gemessen durch die Schwingungsamplitude der elektrischen Verschiebung, bleibt dabei ungeändert. Dieser Satz ist alt. Am vollständigsten und unter den allgemeinsten Voraussetzungen hat ihn H. A. LORENTZ 1905 bewiesen. Eine bekannte Anwendung findet er bei einem Versuche von SELENYI aus dem Jahre 1913 (10). In Abb. 8 sei L_1 eine Lichtquelle, die in einem Glaskörper liegt, E dessen Grenze gegen Luft, und B stelle eine Lochblende dar, durch welche L_1 einen Strahlenkegel auf E fallen läßt. Der Einfallswinkel sei so groß, daß Totalreflexion eintritt. Ein Punkt L_2 in der Luft erhält daher im allgemeinen von L_1 keine Strahlung zugesandt und strahlt daher auch seinerseits nicht nach L_1, wenn wir die Lichtquelle in ihn verlegen. Lassen wir aber L_2 bis auf Wellenlängenabstand an die Grenzfläche E heranrücken (nach L_2' in der Abbildung), so erhält er vermöge der inhomogenen Wellen, die bei der Totalreflexion im zweiten Medium entstehen, doch wieder Licht von L_1, strahlt daher auch seinerseits nach L_1, also in einen Raum hinein, welcher seiner Strahlung nach geometrisch-optischen Erwägungen verschlossen wäre. Dies hat SELENYI unmittelbar im Versuche gezeigt.

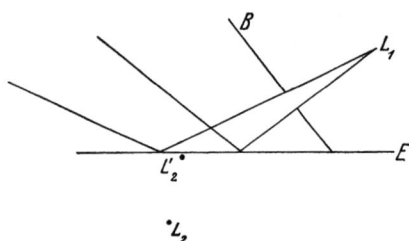

Abb. 8. SELENYIs Versuch.

Der hohe Nutzen des Reziprozitätssatzes liegt darin, daß er uns der schwierigen Aufgabe enthebt, die Welle einer Lichtquelle nahe einer Grenzfläche mathematisch zu beschreiben. Mindestens ebenso schwierig wäre die Integration der MAXWELLschen Gleichungen für den Fall, daß eine Strahlungsquelle im Raumgitter sitzt. Auch hier aber überhebt uns der Reziprozitätssatz dieser Mühe. Wir brauchen ja, wenn wir die Intensität einer solchen Welle in einem Punkte weit außerhalb des Kristalles berechnen wollen, nur umgekehrt die Intensität zu kennen, welche im Kristall bei Einstrahlung von jenem Punkte aus entsteht. Und hierfür liefert die dynamische Theorie der Röntgenstrahlinterferenzen alles Erforderliche. Denn wir kennen aus ihr vollständig das elektromagnetische Feld, wenn wir Strahlung aus der Richtung $\mathfrak{K}_0^{(a)}$ einfallen lassen; wir können auch die elektrische Verschiebung am Orte eines Atomes angeben. Diese ist nun unmittelbar ein Maß für die Intensität, welche ein Atom in der Richtung $-\mathfrak{K}_0^{(a)}$ ausstrahlt.

Im allgemeinem, d. h. wenn die Richtung $\mathfrak{K}_0^{(a)}$ keinem Interferenzkegel nahe liegt, dringt einfach dieser eine Strahl in den Kristall ein und erzeugt an dem fraglichen Atom eine von seiner Richtung und der Lage des Atoms unabhängige elektrische Schwingung. Deshalb strahlt das Atom nach allen entgegengesetzten Richtungen auch die gleiche Intensität aus, was der gleichmäßigen Untergrundschwärzung auf KOSSELS Aufnahmen entspricht. Rückt aber der Strahl in die Nähe einer Interferenzstelle, so entsteht im Kristall, wie wir gesehen haben, ein Wellen*feld*, oder sogar deren zwei. Wir beschäftigen uns zunächst einmal mit dem Fall II, in welchem nur ein Wellenfeld auftritt.

Dieses mag wie oben aus den Wellen $\mathfrak{K}_0$ und $\mathfrak{K}_m$ bestehen. Da die beiden Wellenvektoren sich um die Translation $\mathfrak{b}_m$ des reziproken Gitters unterscheiden, geben sie zu einem räumlichen Auf- und Abschwanken der Schwingung Anlaß und zwar ist die Amplitude der elektrischen Verschiebung konstant in Ebenen senkrecht zu $\mathfrak{b}_m$, d. h. parallel zur Schar der spiegelnden Netzebenen. Ist es eine Interferenz erster Ordnung, d. h. haben die Zahlen m_1, m_2, m_3 keinen gemeinsamen Teiler, so liegen zwischen je zwei Netzebenen *ein* Maximum und *ein* Minimum. Ist aber M ein gemeinsamer Teiler, so finden sich dazwischen M Maxima und Minima. Führt ein Maximum durch ein Atom, so ergibt dies als Strahlungsquelle in der Richtung $-\mathfrak{K}_0^{(a)}$ verstärkte Strahlung; umgekehrt natürlich, wenn es in einem Minimum der Intensität bei Einstrahlung liegt, geschwächte Strahlung. Das ist im Prinzip die Deutung der von KOSSEL beschriebenen Erscheinung.

Um sie mehr im einzelnen zu studieren, gehen wir auf Abb. 2 zurück. Ist der Einfallswinkel des Strahles kleiner, als der Interferenzstelle entspricht, so liegt in ihr Punkt P

ziemlich weit links oben, noch jenseits von Q, und das durch ihn führende Lot $\mathfrak{z}$ schneidet den Hyperbelzweig H^- in zwei reellen Punkten, von denen aber jetzt nur einer in Betracht kommt. Verändern wir allmählich den Einfallswinkel, so verschiebt sich der Schnittpunkt A auf H^-. Da aber, wie erwähnt, die Phasendifferenz zwischen den

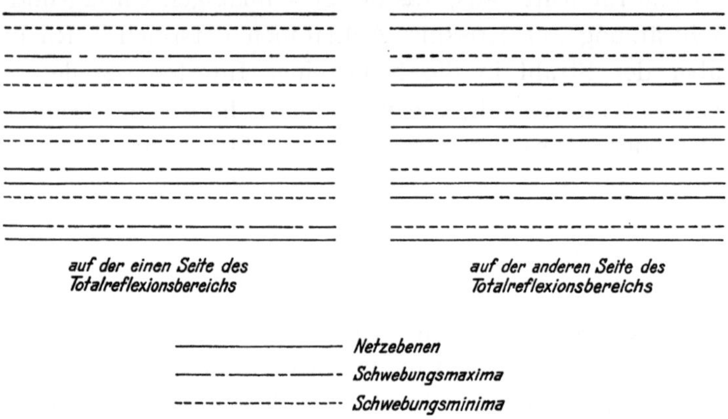

auf der einen Seite des Totalreflexionsbereichs   auf der anderen Seite des Totalreflexionsbereichs

——— Netzebenen
— - — - — Schwebungsmaxima
- - - - - - Schwebungsminima

Abb. 9. Ein Beispiel für die Lage der Schwebungen im Raumgitter.

Schwingungen $\mathfrak{D}_0$ und $\mathfrak{D}_m$ auf H^- konstant ist, ändert dies nichts an der Lage der Schwebungsmaxima und -minima zwischen den Netzebenen. Dieselbe Aussage gilt, wenn der Einfallswinkel auf der anderen Seite der Interferenzstelle liegt, P also nach unten rechts rückt und das durch ihn führende Lot $\mathfrak{z}$ den Hyperbelzweig H^+ schneidet. Wenn wir jedoch die Lage der Maxima und Minima in diesen beiden Fällen vergleichen, können wir eine Verschiebung feststellen; wo im einen Fall die Maxima liegen, liegen im anderen die Minima (Abb. 9). Die Wanderung der Schwebungen von der einen in die andere Lage findet im Zwischengebiet statt, wenn das Lot $\mathfrak{z}$ keinen Hyperbelzweig reell schneidet, d. h. im Gebiete der Totalreflexion.

Wenn wir nun noch die Tatsache hinzunehmen, daß im einfachen Gitter mit nur einer Atomart (als solches dürfen wir bei geeigneter Wahl der Gitterzelle auch das Kupfergitter auffassen) die Maxima bei kleinerem Einfallswinkel mit den Netzebenen zusammenfallen, also durch die Atome hindurchführen, so können wir danach ein

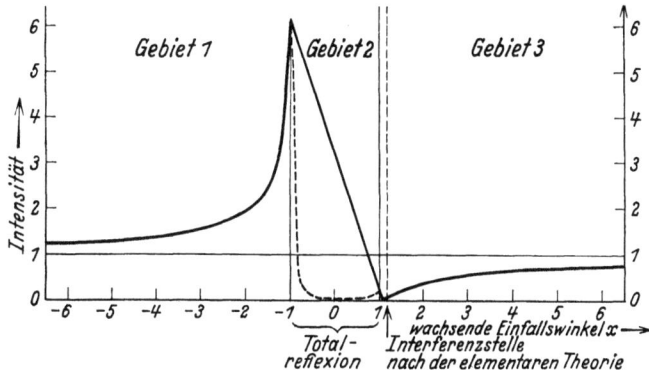

Abb. 10. Schwingung senkrecht zur Ebene der Strahlen $\mathfrak{K}_0^{(a)}$ und $\mathfrak{K}_m^{(a)}$.

vollständiges Bild von der Ausstrahlung nahe einer Interferenzstelle entwerfen (Abb. 10 und 11). Bei den kleineren Einfallswinkeln beginnend, zeigt sie zunächst die allgemeine durch keine Interferenz beeinflußte Strahlung, deren Betrag durch die horizontale, die ganze Abbildung durchziehende Gerade gekennzeichnet ist. Nähern wir uns der Interferenzstelle, so tritt zunächst schwach der Strahl $\mathfrak{K}_m$ auf, der zusammen mit $\mathfrak{K}_0$ am Orte des Atoms Verstärkung der Schwingung $\mathfrak{D}$ hervorruft; die Kurve der Ausstrahlung steigt also an. Sie steigt immer weiter, bis wir an die Grenze des Totalreflexionsbereiches gelangen. Dort hat der zweite Strahl seine größte Intensität. Eine weitere Verstärkung der Maxima ist also nicht möglich. Dafür verschieben sie sich jetzt bei konstanter Stärke aus den Netzebenen heraus, das Atom kommt in Gebiete geringerer Intensität, die Ausstrahlung sinkt. Am anderen Ende des genannten Bereiches liegt das Atom bei Einstrahlung in einem scharf ausgeprägten Minimum der Schwebung, seine Ausstrahlung ist dementsprechend gering und kann unter Umständen bis o heruntergehen. Danach

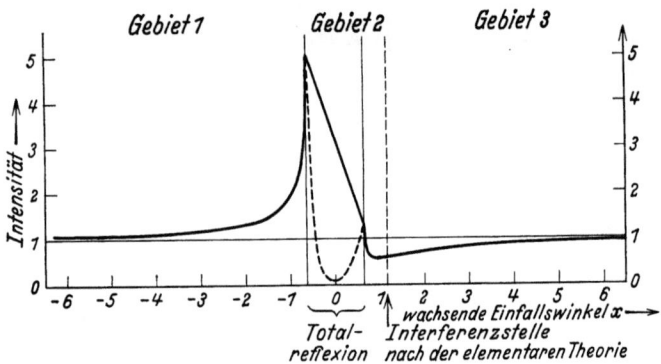

Abb. 11. Schwingung in der Ebene der Strahlen $\mathfrak{K}_0^{(a)}$ und $\mathfrak{K}_m^{(a)}$.

bleibt das Minimum im Orte des Atoms, flaut aber allmählich ab, so daß die Ausstrahlungskurve allmählich ansteigt. Schließlich verschwindet der Interferenzeffekt überhaupt und die Strahlung nimmt ihren Durchschnittswert wieder an.

Bei dieser Diskussion aber haben wir die Extinktion im Totalreflexionsbereich noch nicht berücksichtigt. Das Gesagte gilt also nur für ein einigermaßen an der Oberfläche des Kristalls liegendes Atom, zu dem eine einfallende Welle ohne wesentliche Schwächung dringt. Für ein tiefer liegendes Atom müßte man die Ausstrahlungskurve in diesem Bereiche tief senken, etwa wie es in den Abb. 10 und 11 die gestrichelte Kurve andeutet. Dadurch würde auch der gesamte Schwärzungsüberschuß der Interferenzstelle über die Umgebung wesentlich vermindert; die Rechnung zeigt, daß trotzdem noch ein Überschuß erhalten bleibt. Diese Bemerkung ist wichtig, weil wohl auf den meisten Aufnahmen die Gesamtschwärzung leichter erkennbar ist als die nicht ganz aufgelösten Einzelheiten der genannten Kurve.

Abb. 10 bezieht sich auf die Schwingung senkrecht der Ebene zu ihren beiden Strahlen (Fall a). Für die Schwingung in dieser Ebene gilt nach Abb. 11 im wesentlichen dasselbe. Nur sind alle Interferenzeffekte in der Ausstrahlung weniger ausgeprägt; das Maximum liegt nicht so hoch, das Minimum nicht so tief. Denn während im Fall a bei Einstrahlung die Schwingungen $\mathfrak{D}_0$ und $\mathfrak{D}_m$ dieselbe Richtung, nämlich senkrecht zur Strahlenebene haben, liegt im Fall b zwischen ihnen der Winkel Θ, so daß die geschilderte Schwebungserscheinung flauer ausfällt. Für ein Gitter mit mehreren, vielleicht sogar vielen verschiedenen Atomen in einer Zelle kann die Ausstrahlungskurve aber anders verlaufen, weil die Maxima und Minima andere Lagen zum strahlenden Atom haben können.

Weniger einfach verläuft die Diskussion für den Fall I, weil sich dann zwei Wellenfelder überlagern. Zwar entstehen auch in ihm Maxima und Minima der Schwingung $\mathfrak{D}$, und ihre Orte sind annähernd Ebenen parallel zur Schar der spiegelnden Netzebenen. Aber in verschiedener Tiefe unter der Oberfläche liegen die Flächen der Maxima in verschiedenem Abstand von den Netzebenen. Die Intensität, welche bei der einfallenden Strahlung am Orte eines Atoms liegt, hängt deshalb von dessen Tiefe unter der Oberfläche ab, und dasselbe gilt nach dem Reziprozitätssatz für dessen Ausstrahlung. Dennoch läßt sich hier ein einfacher Satz aussprechen. *Zu jedem Interferenzkegel m_1, m_2, m_3, der zu Fall I gehört, tritt notwendig der Interferenz-*

kegel $\overline{m}_1$, $\overline{m}_2$, $\overline{m}_3$ auf; beide sind in dem Gesamtschwärzungsüberschuß zueinander komplementär. Was der eine mehr hat als die interferenzfreie Umgebung, hat der andere weniger. Der eine muß daher in Photogrammen der Kosselschen Art hell, der andere dunkel erscheinen, und zwar muß nach der Theorie der Kegel verstärkter Strahlung der Normalen auf der Grenzfläche näher liegen, sofern das strahlende Atom der Oberfläche nicht zu nahe liegt. Die Interferenzkegel auf den Kossel-Aufnahmen beziehen sich alle auf Fall I; leider treten aus geometrischen Gründen auf keiner von ihnen zwei komplementäre Kegel auf. Um so besser werden wir diese nachher bei der Elektronenbeugung sehen. Die Hell-Dunkel-Effekte, die bei Kossel längs der Interferenzeffekte zu sehen sind, weisen vielleicht auf eine Feinstruktur hin, die auch aus der Theorie folgt. Jedoch darf man zur Zeit noch nicht Erklärung aller Einzelheit von ihr fordern. Denn sie vernachlässigt außer der spektralen Breite der Fluoreszenzlinien auch die Größe der Atome. Berechtigt wäre dies, wenn der Abstand zweier Schwebungsmaxima groß gegen den Atomdurchmesser wäre oder doch wenigstens groß gegen den Bereich im Atom, in welchem die Aussendung der K-Strahlung vor sich geht. Diese Voraussetzung ist wohl selbst in günstigen Fällen nur knapp erfüllt. Es besteht jedoch keine prinzipielle Schwierigkeit, die Rechnung in diesem Punkte zu ergänzen.

V.

Bei der Beugung von Elektronenwellen am Raumgitter der Kristalle, welche Elsasser bald nach Schrödingers Begründung der Wellenmechanik vermutete, und wenig später Davisson und Germer nachwiesen, liegen die Verhältnisse ähnlich, wie bei der Röntgenstrahlbeugung.

Immerhin bestehen gewisse, meines Erachtens noch nicht für alle Fälle ganz geklärte Unterschiede. Zum Teil beruhen sie darauf, daß sich aus dem mittleren Potential im Kristall ein von 1 weit stärker abweichender Brechungsindex ergibt, als er für Röntgenstrahlen existiert. Auch sind die Potentialschwankungen im Verhältnis zur Energie der Elektronen meist um Zehnerpotenzen größer, als die ihnen analogen FOURIER-Komponenten ψ_m in der Theorie der Röntgenstrahlen. BETHE (11) hat die Theorie der Elektronenbeugung zwar auf einen Ansatz für die SCHRÖDINGER-Funktion gegründet, der sich von dem Ansatz für das elektromagnetische Feld der Röntgenwellen nur dadurch unterscheidet, daß er nicht von zwei Feldvektoren, sondern einem Feldskalar spricht; er lautet:

$$u = e^{2\pi i v t} \sum_m u_m e^{-2\pi i (\Re_m \mathfrak{r})}.$$

Für die Größen u_m ergibt sich dann ein System unendlich vieler linearer Gleichungen, ähnlich wie früher für die Vektoren $\mathfrak{D}_m$. Und es liegt ja nahe, diese dadurch angenähert aufzulösen, daß man wieder eine beschränkte Zahl, am einfachsten nur 2 Strahlen als stark betrachtet und die anderen fortläßt. Aber das wäre hier nicht so gerechtfertigt wie früher. Deshalb treibt BETHE die Näherung einen Schritt weiter. Er setzt noch die Erzeugung der schwachen Strahlen durch die starken in Rechnung und vernachlässigt nur deren Rückwirkung auf die beiden hervorgehobenen. Dies hat eine wesentliche Folge für die Schwebungen im Raumgitter; man kann die Intensität nicht mit derselben Genauigkeit wie früher auf Ebenen parallel zur Netzebenenschar als konstant betrachten. Immerhin schwinden diese Unterschiede mit wachsender Geschwindigkeit der Elektronen mehr und mehr.

Aber die Absorption wirkt bei allen Elektronen stärker als im Röntgenfall. Deswegen spielt hier die Beschaffenheit der Oberfläche eine Rolle, ob sie glatt oder rauh ist. Ist sie glatt, so kommt nach TRENDELENBURG und WIELAND (12), von denen ich Abb. 12 übernehme, die dargestellte Interferenz schlecht zustande, weil nur wenige Atomschichten zu ihr beitragen; die tiefer liegenden Schichten schaltet die Absorption aus. Bei einer rauhen Fläche hingegen können die Schichten, die in den Vorsprüngen liegen, vermöge ihrer großen Zahl sehr wohl zu einem scharf begrenzten Interferenzstrahl zusammenwirken.

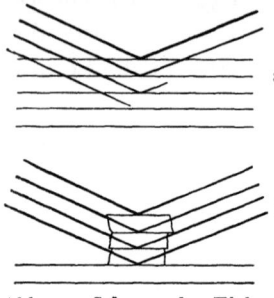

Abb. 12. Schema der Elektronenbeugung a an glatten b an rauhen Oberflächen. (Aus W.-Veröffentlichungen der Siemenswerke Bd. 13 Heft 3. Berlin: Julius Springer 1934.)

Auch für die Wellenmechanik gilt nun ein Reziprozitätssatz. Um ihn zu formulieren, müssen wir aber einen Begriff neu in sie aufnehmen, den man bei der Beschreibung der Versuche immer verwendet, den der Elektronenquelle. Zwar setzt man immer für einen feldfreien Raum als eine Lösung der SCHRÖDINGER-Gleichung an

$$u = \frac{1}{r} e^{2\pi i (\nu t - K r)}$$

und spricht von Kugelwelle und punktförmiger Elektronenquelle. Um Singularitäten zu vermeiden, möchten wir aber von räumlich verteilten Elektronenquellen sprechen und haben zu diesem Zwecke der homogenen linearen Differentialgleichung SCHRÖDINGERs einen inhomogenen, die Ergiebigkeit der Elektronenquellen messenden Summanden hinzuzufügen:

$$-\frac{h^2}{8\pi^2 \mu} \Delta u + (V - E) u = \varrho$$

(h ist die PLANCKsche Konstante, E die Energie der Elektronen). Nun mögen sich die beiden Wellen 1 und 2 in der Lage ihrer Strahlungsquellen unterscheiden, während die potentielle Energie V für beide dieselbe Ortsfunktion ist. Dann folgt mit Hilfe des GREENschen Satzes:
$$\frac{h^2}{8\pi^2\mu}\int\left(u^{(1)}\frac{\partial u^{(2)}}{\partial n}-u^{(2)}\frac{\partial u^{(1)}}{\partial n}\right)d\sigma = \int(u^{(1)}\varrho^{(2)}-u^{(2)}\varrho^{(1)})\,dS.$$
Das linksstehende Flächenintegral enthält keinen Beitrag etwaiger Unstetigkeitsflächen, weil nach den Grenzbedingungen der Wellenmechanik die Wellenfunktion samt ihren ersten Ableitungen stetig ist. Für eine unendlich ferne Kugelfläche ist das Integral 0, so daß in Anwendung auf den ganzen Raum gilt:
$$\int(u^{(1)}\varrho^{(2)}-u^{(2)}\varrho^{(1)})\,dS = 0.$$
Hier nun nehmen wir an, daß die Ergiebigkeit des ersten Feldes sich auf einen kleinen Bereich um den Punkt P_1 beschränkt, die des zweiten Feldes auf einen solchen Bereich um Punkt P_2, und daß die Integralwerte $\int\varrho^{(1)}\,dS^{(1)}$ und $\int\varrho^{(2)}\,dS^{(2)}$ übereinstimmen, d. h. daß beide Elektronenquellen gleich stark sind. Dann folgt ohne weiteres der Reziprozitätssatz $u^{(1)}{}_{P(2)} = u^{(2)}{}_{P(1)}$.

Nehmen wir nun an, ein Atom im Raumgitter emittiere Elektronenwellen bestimmter Wellenlänge, und fragen wir, wie sich deren Intensität außerhalb des Kristalls über die Richtungen verteilt. Dann liegt das Problem ganz so wie bei der Fluoreszenz-Röntgenstrahlung aus dem Kristallinnern. Kennen wir die Wellenfunktion am Ort des Atoms für den Fall einer von außen kommenden Welle, so können wir nach dem Reziprozitätssatz auch unser Problem lösen. Die große Ähnlichkeit, welche die Theorie der Elektronenbeugung mit der dynamischen Theorie der Röntgenstrahlinterferenzen zeigt, erlaubt uns, mindestens Analogieschlüsse auf die bei den Elektronen zu erwartende Erscheinung zu ziehen.

Der erste Schluß ist, daß wir Kegel hervorgehobener Ausstrahlung zu sehen bekommen. Diese hat aber schon 1928 KIKUCHI (13) bei Elektronenbeugungsaufnahmen neben den normalen Interferenzpunkten entdeckt. Weiterhin haben wir auch hier zwischen Fall I und Fall II zu unterscheiden (während die auf der Verschiedenheit der Schwingungsrichtungen beruhende Unterscheidung der Fälle a und b hier fortfällt; die Analogie zu den Röntgeninterferenzen bezieht sich immer auf Fall a). Fall I veranschaulicht Abb. 13, entnommen aus einer Arbeit von AMINOFF und BROOMÉ, die Graphit mit Elektronen von etwa 70000 Volt durchstrahlten (14). Sie sehen dort viele Paare von je zwei, nur durch die Vorzeichen ihrer Indizes verschiedenen, in der Schwärzung zueinander komplementären Interferenzkegeln. Im Unterschied gegen die Voraussage, die wir vorhin für Röntgenstrahlen machten, ist aber auf allen mir bekannten Aufnahmen der dem Lot auf der Oberfläche *näher* liegende Kegel in der Strahlung *geschwächt*. Woran dies liegt, läßt sich wohl noch nicht mit Sicherheit sagen; jedoch darf ich auf die Voraussetzung jener Voraussage hinweisen, daß nämlich die dafür verantwortlichen Atome hinreichend tief unter der Oberfläche liegen müssen — und dies könnte bei den Elektronen anders sein. Ferner stimmt die Tatsache, daß bei den

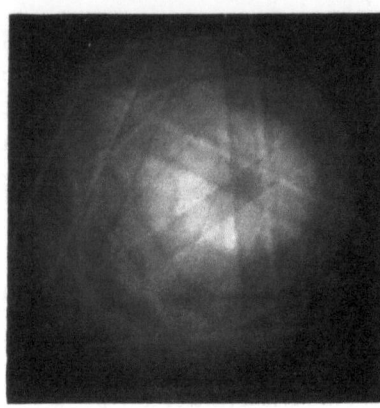

Abb. 13.
KIKUCHI-Linien am Graphit.
[Aus Z. Kristallogr. Bd. 89 (1934), S. 81.]

allerdünnsten Kristallplatten die KIKUCHI-Linien fehlen, zu unserer Theorie. Für Fall II aber gibt wohl das schönste Beispiel eine Aufnahme von EMSLIE (Abb. 14) (15). Er läßt auf Antimonsulfid (Sb_2S_3), einen rhombischen Kristall mit drei verschiedenen, zueinander senkrechten Achsen, Elektronen auffallen, und zwar auf die Spaltfläche, die

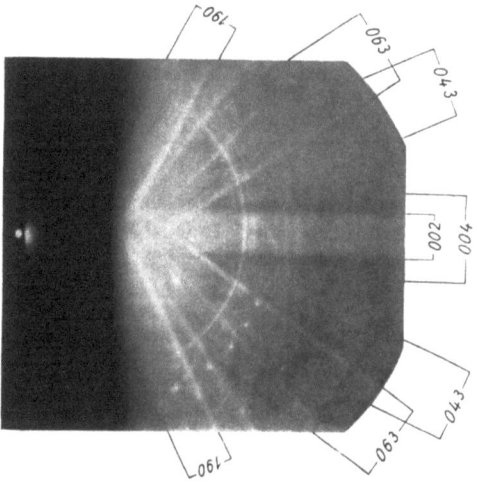

Abb. 14. KIKUCHI-Linien am Antimonsulfid.
[Aus Physic. Rev. Bd. 45 (1934), S. 45.]

auf der der Größe nach mittleren Translation a_2 senkrecht steht. Der Einfall erfolgt fast streifend. Die photographische Platte aber steht senkrecht zur Spaltfläche und zur Einfallsebene. Sie sehen in dem Photogramm außer einer Reihe von KIKUCHI-Linien, welche unter Fall I einzureihen wären, auch einen hellen Kreis. Dieser entspricht dem Kegel 100, dessen Achse die in diesem Falle mit der a_1-Translation der Richtung nach zusammenfallende b_1-Translation des reziproken Gitters bildet. Ich meine, diese KIKUCHI-Linie muß von Vorsprüngen auf der rauhen Oberfläche herrühren, wie wir sie in Abb. 12 sahen; andernfalls wäre der Weg der anregenden Elektronenstrahlen im Innern des Kristalls länger, als bei der erheblichen Absorption glaubhaft. Dann aber liegen die Bedingungen von Fall II vor.

Diese KIKUCHI-Linie besteht nun, wenigstens auf der Originalaufnahme, wie EMSLIE selbst sagt, aus einem Kreise verstärkter Strahlung, der auf der Außenseite einen besonders dunklen Saum trägt. Nach EMSLIE zeigt ferner die Originalaufnahme noch den dazu konzentrischen Kreis 200 mit ebensolchem Saum. Ich möchte darin das Analogon zu der Strahlungsverteilung sehen, die Abb. 10 darstellt; jedoch ist mir bewußt, daß bei diesem Schlusse noch einige Vorsicht geboten ist. Denn *alle* Einzelheiten der Beobachtungen aufzuklären, muß der Zukunft überlassen bleiben.

Aber einen Punkt vermag unsere Deutung der KIKUCHI-Linien klar zu stellen, welcher bisher besonders rätselhaft erschien. Man hatte nämlich bisher eine etwas andere Erklärung für sie. Man sagte, außer der Beugung, welche die scharfen Interferenzstrahlen hervorbringt, gäbe es eine, die Richtung der einfallenden Strahlen bevorzugende, „allgemeine" Streuung; und die dadurch erzeugten Elektronenwellen spiegelten sich an den Netzebenen. Zwar wäre das Verhältnis dieser „allgemeinen" zu der die Interferenzen erregenden Streuung nicht recht verständlich, jedoch war danach (Abb. 15) klar, warum die Linien in der Regel paarweise und komplementär auftreten. Sei A die Richtung der einfallenden Strahlung, N eine Netzebene und B und C Strahlungsrichtungen, die an ihr gespiegelt werden. Ist die Strahlung B stärker als C, so ist plausibel, daß ihre geometrische Fortsetzung, B', schwächer ausfällt, als die Fortsetzung von C, C'; denn nach C' wird die stärkere Strahlung abgelenkt. Wie aber, wenn die Netzebene N die Richtung A der einfallenden Strahlung enthält? Dann sollten B' und C' in der Strahlung einander gleich sein und genau so stark wie die Umgebung. Das ist aber durchaus nicht der Fall. Im Gegenteil treten die auf solche Ebenen bezüglichen Interferenzeffekte recht kräftig hervor. *Unsere* Deutung ergibt zwangsläufig, daß solche KIKUCHI-Linien auftreten, wenngleich die Einzelheiten daran noch späterer Deutung vorbehalten bleiben.

Ich komme zum Schluß: nur auf einen wichtigen Punkt möchte ich noch aufmerksam machen. Eine der Grundlagen der Erklärung der KOSSELschen Erscheinung bildet die Inkohärenz der Fluoreszenzstrahlung verschiedener Atome. Ist an der Analogie zu den KIKUCHI-Linien irgendetwas Wahres, so müssen auch die Elektronenwellen, welche letztere verursachen, inkohärent von den streuenden Atomen ausgehen. Eine Theorie der Elektronenstreuung, welche diese lediglich durch räumliche Veränderlichkeit der potentiellen Energie V in der SCHRÖDINGER-Gleichung zu erklären sucht, vermag nie zu inkohärenten Streuwellen zu führen. Vielmehr muß sich neben diesem zweifellos auch vorhandenen Vorgang eine andere Art von Streuung finden, welche den Phasenzusammenhang zwischen einfallender und gestreuter Welle verwischt und deshalb auch keinen Phasenzusammenhang zwischen den Streuwellen verschiedener Atome

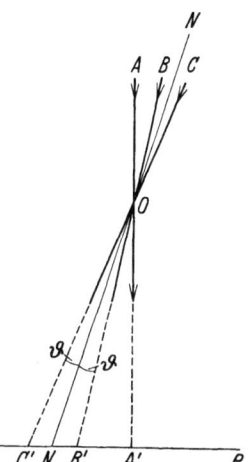

Abb. 15. Zur alten Erklärung der KIKUCHI-Linien. (Aus MARK - WIERL: Die experimentellen und theoretischen Grundlagen der Elektronenbeugung. Berlin: Gebrüder Borntraeger.)

ergibt. Dabei darf sie aber die Energie der Elektronen nicht oder nicht wesentlich herabsetzen; denn nach allen Beobachtungen entsprechen die KIKUCHI-Linien genau derselben Wellenlänge, wie die scharf abgebeugten Interferenzstrahlen. Diese Art der Streuung ist dann auch für einen großen Teil der den Untergrund der Interferenzaufnahme schwärzenden allgemeinen Streuung verantwortlich.

Literaturverzeichnis.

1. P. P. EWALD: Ann. Physik. Bd. 54 (1917) S. 519, 557. — Z. Physik Bd. 2 (1920) S. 332; Bd. 30 (1924) S. 1. — Physik. Z. Bd. 26 (1925) S. 29.
2. M. v. LAUE: Festschrift der Dozenten der Universität Zürich, 1914; Jb. Radioaktivität u. Elektronik Bd. 11 (1914), S. 308.
3. G. FRIEDEL: C. R. Bd. 157 (1913) S. 1533.
4. M. v. LAUE: Ann. Physik. Bd. 50 (1916) S. 433. — P. P. EWALD u. C. HERMANN: Z. Kristallogr. Bd. 65 (1927) S. 251.
5. M. KOHLER: Berl. Sitzgsber. 1935, S. 334.
6. M. v. LAUE: Erg. exakt. Naturwiss. Bd. 10 (1931) S. 133.
7. M. KOHLER: Ann. Physik. Bd. 18 (1933) S. 265.
8. W. KOSSEL, L. LOECK u. H. VOGES: Z. Physik. Bd. 94 (1935) S. 139. — W. KOSSEL u. H. VOGES: Ann. Physik. Bd. 23 (1935) S. 677.
9. M. v. LAUE: Ann. Physik. Bd. 23 (1935) S. 705.
10. P. SELENYI: C. R. Bd. 157 (1913) S. 1408.
11. H. BETHE: Ann. Physik. Bd. 87 (1928) S. 55.
12. F. TRENDELENBURG u. O. WIELAND: Wiss. Veröff. Siemens-Konz. Bd. 13 Heft 3 (1934) S. 31.
13. S. KIKUCHI: Proc. Imp. Acad. Sci. Tokyo Bd. 4 (1928) S. 271, 275, 354, 475.
14. G. AMINOFF u. B. BROOMÉ: Z. Kristallogr. Bd. 89 (1934) S. 80.
15. G. EMSLIE: Physic. Rev. Bd. 45 (1934) S. 43.

VERLAG VON JULIUS SPRINGER IN BERLIN

Der Aufbau der Atomkerne. Natürliche und künstliche Kernumwandlungen. Von **Lise Meitner** und **Max Delbrück**. Mit 13 Abbildungen. IV, 62 Seiten. 1935. RM 4.50

Die kleine Schrift will, ohne irgendwelchen Anspruch auf Vollständigkeit, den an dem Gebiet interessierten Physiker oder Chemiker die modernen Probleme der Kernphysik und Kernchemie an der Hand typischer Beispiele nahebringen. Dementsprechend ist auf jede Literaturangabe verzichtet worden.

Die Gliederung in zwei Teile ist nach dem Grundsatz erfolgt, daß im ersten Teil neben den experimentellen Tatsachen alle zahlenmäßigen Beziehungen behandelt werden, die durch Anwendung des Energie- und Impulssatzes erhalten werden können. Zu einem wirklichen Erfassen der Vorgänge innerhalb der Atomkerne sind aber quantenmechanische Vorstellungen nötig; durch sie finden die Tatsachen und ihre Zusammenhänge, soweit man sie heute übersehen kann, ihren sinngemäßen Ausdruck. Diese quantenmechanischen Vorstellungen sind im zweiten Teil entwickelt ohne Heranziehung komplizierter Rechnungen.

Stereoskopbilder von Kristallgittern. Von **M. von Laue** und **R. von Mises**, Berlin. Unter Mitarbeit von Cl. von Simson und E. Verständig herausgegeben. Deutscher und englischer Text (Stereoscopic drawings of crystal structures).

I. Teil: Mit 24 Tafeln und 3 Textfiguren. 43 Seiten. 1926.
In Mappe RM 16.20
II. Teil. In Vorbereitung.

Die Röntgenstereoskopie, ihr Wert und ihre Verwertung. Von **J. van Ebbenhorst Tengbergen** und **L. E. W. van Albada,** Amsterdam. („Röntgenkunde in Einzeldarstellungen", Band II.) Mit 146 Abbildungen. IV, 143 Seiten. 1931.
RM 14.94, geb. RM 17.55

Spektroskopie der Röntgenstrahlen. Von **M. Siegbahn,** Upsala. Zweite, umgearbeitete Auflage. Mit 255 Abbildungen. VI, 575 Seiten. 1931. RM 47.—, geb. RM 49.60

Geometrische Elektronenoptik. Grundlagen und Anwendungen. Von **E. Brüche** und **O. Scherzer.** Mit einem Titelbild und 403 Abbildungen. XII, 332 Seiten 1934.
RM 26.—, geb. RM 28.40

Einführung in die Elektronik. Die Experimentalphysik des freien Elektrons im Lichte der klassischen Theorie und der Wellenmechanik. Von **Otto Klemperer,** Kiel. Mit 207 Abbildungen. XII, 303 Seiten. 1933. RM 18.60, geb. RM 19.80

Moderne Physik. Sieben Vorträge über Materie und Strahlung von **Max Born,** Göttingen. Veranstaltet durch den Elektrotechnischen Verein, e. V., zu Berlin, in Gemeinschaft mit dem Außeninstitut der Technischen Hochschule zu Berlin. Ausgearbeitet von Fritz Sauter, Berlin. Mit 95 Textabbildungen. VII, 272 Seiten. 1933.
RM 18.—, geb. RM 19.50

Zu beziehen durch jede Buchhandlung

VERLAG VON JULIUS SPRINGER IN BERLIN

Struktur und Eigenschaften der Materie.

Eine Monographiensammlung. Begründet von **M. Born** und **J. Franck**. Herausgegeben von F. **Hund**, Leipzig, und H. **Mark**, Wien.

I. **Zeemaneffekt und Multiplettstruktur der Spektrallinien.** Von E. **Back** und A. **Landé**, Tübingen. Mit 25 Textabb. und 2 Tafeln. XII, 213 Seiten. 1925. RM 12.96; geb. RM 14.31

II. **Vorlesungen über Atommechanik.** Von M. **Born**, Göttingen. Herausgegeben unter Mitwirkung von F. Hund, Göttingen.
Erster Band: Mit 43 Abb. IX, 358 Seiten. 1925. Geb. RM 14.85
Zweiter Band: Elementare Quantenmechanik. Von M. **Born**, Göttingen, u. P. **Jordan**, Rostock. XI, 434 Seiten. 1930. RM 25.20; geb. RM 26.82

III. **Anregung von Quantensprüngen durch Stöße.** Von J. **Franck** u. P. **Jordan**, Göttingen. Mit 51 Abb. VIII, 312 S. 1926. RM 17.55; geb. RM 18.90

IV. **Linienspektren und periodisches System der Elemente.** Von F. **Hund**, Göttingen. Mit 43 Abb. u. 2 Zahlentafeln. VI, 221 S. 1927. RM 13.50

V. **Die seltenen Erden vom Standpunkte des Atombaues.** Von G. v. **Hevesy**, Freiburg i. Br. Mit 15 Abb. VIII, 140 Seiten. 1927. RM 8.10

VI. **Fluoreszenz und Phosphoreszenz im Lichte der neueren Atomtheorie.** Von P. **Pringsheim**. Dritte Auflage. Mit 87 Abb. VII, 357 Seiten. 1928. RM 21.60

VII. **Graphische Darstellung der Spektren von Atomen und Ionen mit ein, zwei und drei Valenzelektronen.** Von W. **Grotrian**, Berlin-Potsdam. Erster Teil: Textband. Mit 43 Abb. XIII, 245 Seiten. Zweiter Teil: Figurenband. Mit 163 Abb. X, 168 Seiten. 1928.
Beide Teile zusammen RM 30.60

VIII. **Lichtelektrische Erscheinungen.** Von B. **Gudden**, Erlangen. Mit 127 Abb. IX, 325 Seiten. 1928. RM 21.60; geb. RM 22.68

IX. Siehe II., Zweiter Band: Elementare Quantenmechanik.

X. **Das ultrarote Spektrum.** Von C. **Schaefer** und F. **Matossi**, Breslau. Mit 161 Abb. VI, 400 Seiten. 1930. RM 25.20; geb. RM 26.82

XI. **Astrophysik auf atomtheoretischer Grundlage.** Von S. **Rosseland**, Oslo. Mit 25 Abb. VI, 252 Seiten. 1931. RM 17.82; geb. RM 19.08

XII. **Der Smekal-Raman-Effekt.** Von K. W. F. **Kohlrausch**, Graz. Mit 85 Abb. VIII, 392 Seiten. 1931. RM 32.—; geb. RM 33.80

XIII. **Die Quantenstatistik und ihre Anwendung auf die Elektronentheorie der Metalle.** Von L. **Brillouin**, Paris. Aus dem Französischen übersetzt von E. **Rabinowitsch**, Göttingen. Mit 57 Abb. X, 530 Seiten. 1931. RM 42.—; geb. RM 43.80

XIV. **Molekülstruktur.** Bestimmung von Molekülstrukturen mit physikalischen Methoden. Von H. A. **Stuart**, Königsberg i. Pr. Mit 116 Abb. X, 389 Seiten. 1934. RM 32.—; geb. RM 33.80

XV/XVI. **Molekülspektren und ihre Anwendung auf chemische Probleme.** Von H. **Sponer**, Göttingen, z. Zt. Oslo.
Erster Band: Tabellen. VI, 154 Seiten. 1935.
RM 16.—; geb. RM 17.60
Zweiter Band: Text. Erscheint Ende 1935

XVII. **Kristallplastizität mit besonderer Berücksichtigung der Metalle.** Von E. **Schmid** und W. **Boas**, Freiburg/Schweiz. Mit 222 Abb. X, 373 Seiten. 1935. RM 32.—; geb. RM 33.80

Zu beziehen durch jede Buchhandlung

MIX
Papier aus verantwortungsvollen Quellen
Paper from responsible sources
FSC® C105338

If you have any concerns about our products,
you can contact us on
ProductSafety@springernature.com

In case Publisher is established outside the EU,
the EU authorized representative is:
**Springer Nature Customer Service Center GmbH
Europaplatz 3, 69115 Heidelberg, Germany**

Printed by Libri Plureos GmbH
in Hamburg, Germany